高职交通运输与土建类专业系列教材

Series of Textbooks for Transportation and Railroad Construction Higher Vocational College

国家骨干高等职业院校建设成果

高等职业教育新形态一体化教材

施工临时结构检算

Calculation of

Temporary Construction Structure

第3版
3RD EDITION

李连生　主　编

李英杰　副主编

廖文华　主　审

人民交通出版社

北京

内 容 提 要

本书是高职交通运输与土建类专业系列教材和国家骨干高等职业院校建设成果之一,主要内容包括:工程模板检算、支架常备式构件检算、预应力混凝土构件预制台座检算、悬浇挂篮墩梁临时固结检算 4 个项目,同时还附有 ANSYS 和 MIDAS Civil 计算软件的操作。

本书为高等职业院校高速铁路施工与维护、铁道工程技术、建设工程管理、道路与桥梁工程技术、建筑工程技术、市政工程技术专业及其他土建类相关专业的课程教材,也可供在职培训人员或现场工程技术人员参考。

图书在版编目(CIP)数据

施工临时结构检算 / 李连生主编. — 3 版. — 北京:人民交通出版社股份有限公司, 2025.6. — ISBN 978-7-114-20138-7

Ⅰ. TU31

中国国家版本馆 CIP 数据核字第 2025PJ9306 号

Shigong Linshi Jiegou Jiansuan

书　　　名:	施工临时结构检算(第 3 版)
著 作 者:	李连生
责任编辑:	王景景
责任校对:	赵媛媛　魏佳宁
责任印制:	张　凯
出版发行:	人民交通出版社
地　　　址:	(100011)北京市朝阳区安定门外外馆斜街 3 号
网　　　址:	http://www.ccpcl.com.cn
销售电话:	(010)85285911
总 经 销:	人民交通出版社发行部
经　　　销:	各地新华书店
印　　　刷:	北京建宏印刷有限公司
开　　　本:	787×1092　1/16
印　　　张:	11.5
字　　　数:	270 千
版　　　次:	2013 年 9 月　第 1 版 2020 年 8 月　第 2 版 2025 年 6 月　第 3 版
印　　　次:	2025 年 6 月　第 3 版　第 1 次印刷
书　　　号:	ISBN 978-7-114-20138-7
定　　　价:	35.00 元

第 3 版前言

本教材根据高职铁道工程技术、高速铁路施工与维护等专业教学的基本要求并结合目前教学改革发展的需要编写而成。教材配套了丰富的教学资源(包括动画、微课),读者可扫描书中二维码观看学习,结合云课堂教学助手使用效果更佳。

本教材结合近年来施工现场临时结构的实际应用情况,在内容上做了较大更新,如将原项目 2 之任务 2(碗扣式支架检算)替换为盘扣式支架检算;项目 4 增加了任务 2(T 构体外固结检算)。

本教材基于铁路施工临时结构检算工作过程的课程开发思路,引入相关行业规范与技术指南,将教学内容构建为工程模板检算、支架常备式构件检算、预应力混凝土构件预制台座检算、悬浇挂篮墩梁临时固结检算等 4 个项目,并紧紧围绕工作任务选择教学内容。学生通过该系列项目的学习,可掌握工作岗位中临时结构检算所需要的专业知识与专业技能。

本教材结合高等职业技术教育的特点,力求体现高职铁路院校产教融合的教学特色,并邀请铁路相关企业单位技术人员参与编写工作;坚持必需、够用的原则,注重实用性和针对性,努力做到理论联系实际;注重铁路工程施工临时结构专业知识的学习及计算软件的使用。

本教材编写中参考的规范主要包括:《铁路混凝土工程施工技术规程》(Q/CR 9207—2017)、《高速铁路桥涵工程施工技术规程》(Q/CR 9603—2015)、《铁路预应力混凝土连续梁(刚构)悬臂浇筑施工技术指南》(TZ 324—2010)、《建筑施工模板安全技术规范》(JGJ 162—2008)、《建筑施工承插型盘扣式钢管脚手架安全技术标准》(JGJ/T 231—2021)、《混凝土结构设计规范(2015 年版)》(GB 50010—2010)。

本教材由陕西铁路工程职业技术学院李连生任主编,李英杰任副主编。全书由陕西铁路工程职业技术学院教授级高级工程师廖文华主审。参与编写的人员还有陕西铁路工程职业技术学院王龙、袁光英、金花等老师。教材编写分工如下:项目 1、2、3 由李连生执笔;项目 4 由杨宏刚、李英杰执笔;ANSYS 的操作由王龙执笔;MIDAS Civil 的操作由金花执笔;附录由袁光英执笔。全书由李连生统稿。感谢中铁一局集团有限公司第三工程分公司高级工程师杨宏刚、中铁九局集团有限公司高级工程师刘东跃对编写工作的大力支持。

限于编者的理论水平和实践经验,书中疏漏及不足之处在所难免,恳请读者批评指正。

编　者

2024 年 12 月

教材配套资源说明

本教材配套了丰富的教学资源,通过多种知识呈现形式,为教学组织和教学实施服务,有效激发学生的学习兴趣和积极性。本教材配套的教学资源包括微课、动画资源和教学课件。

一、微课、动画资源

针对施工临时结构检算工作过程中涉及的结构构造、力学分析等配套了相关微课和动画,学生扫描封面二维码认证后即可在线观看。

资源列表

序号	资源名称	资源类型		正文位置
		微课	动画	
1	55 型组合钢模板	●		P17
2	"321"装配式公路钢桥的构造	●		P34
3	贝雷架桁架单元及参数	●		P35
4	贝雷梁检算工况分析	●		P45
5	先张法台座的类型与特点	●		P78
6	临时固结的类型和构造	●		P106
7	临时固结强度检算	●		P107
8	临时固结组合变形力学分析	●		P108
9	模板体系的结构组成		●	P2
10	55 型组合钢模板		●	P17
11	钢桥构造		●	P34
12	贝雷架桁架单元的结构		●	P35
13	节段箱梁架设		●	P43
14	盘扣式满堂支架的构造		●	P50
15	盘扣节点构造		●	P50
16	墩式台座结构组成		●	P78
17	槽式台座构造		●	P79
18	制梁台座的构造		●	P87
19	存梁台座的构造		●	P90
20	临时固结的类型与构造		●	P106

二、教学课件

教学课件为使用本教材的教师提供教学辅助和参考,教师可加入职教铁路教学研讨群:211163250,获取课件及相关资源。

目　　录

3

目录

项目 1　工程模板检算

项目描述

本项目介绍了模板体系的定义、基本要求及类型,组合钢模板(55型组合钢模板)的结构组成。

在工程检算案例中,对模板面板、纵肋与横肋进行了强度、刚度检算,对角钢支架进行了强度、刚度与稳定性的检算。

学习目标

1. 能力目标

(1)能够检算模板面板、横肋与纵肋的强度与刚度;

(2)能够检算模板支架的强度、刚度与稳定性;

(3)能够初步使用计算软件;

(4)能够编制检算书。

2. 知识目标

(1)掌握模板的一般技术要求;

(2)掌握模板的种类、一般构造要求;

(3)掌握模板的检算项目。

任务 1　模板面板检算

1.1　工作任务

通过本任务的学习,能够进行以下内容的检算:

(1)支架现浇模板面板的强度、刚度检算;

(2)支架现浇模板纵肋与横肋的强度、刚度检算。

1.2　相关配套知识

1.2.1　模板体系的定义

《建筑施工模板安全技术规范》(JGJ 162—2008)中对模板体系的定义为:模板体系,简称模板,是指由面板、支架和连接件三部分系统组成的体系。

面板:直接接触新浇混凝土的承力板,并包括拼装的板和加肋楞带板。面板的种类有钢、木、胶合板、塑料板等。

支架:支撑面板用的楞梁、立柱、连接件、斜撑、剪刀撑和水平拉条等构件的总称。

连接件:面板与楞梁的连接、面板自身的拼接、支架结构自身的连接和其中两者相互间连接所用的零配件,包括卡销、螺栓、扣件、卡具、拉杆等。

直接支承面板的小型楞梁称为次楞、次梁或小梁。直接支承小楞的结构构件称主楞或主梁,一般采用钢、木梁或钢桁架。直接支承主楞的受压结构构件称为支架立柱,又叫支撑柱、立柱。

建筑模板是一种临时结构,是混凝土结构工程施工的重要工具。有专家指出,在现浇混凝土结构工程中,模板工程一般占混凝土结构工程造价的 20% ~ 30%,占工程用工量的 30% ~ 40%,占工期的 50% 左右。模板工程的目的就是为了保证混凝土工程质量与施工安全、加快施工进度和降低工程成本。模板技术直接影响着工程建设的质量、造价和效益,因此它是推动我国建筑技术进步的一个重要内容。

1.2.2　模板体系的基本要求

《铁路混凝土工程施工技术规程》(Q/CR 9207—2017)指出:模板及支(拱)架应根据设计文件、施工技术方案和施工工艺等要求进行施工设计。模板及支(拱)架应优先采用钢材制作,也可因地制宜,选用其他材料制作。

模板及支(拱)架应符合下列规定:

(1)应保证混凝土结构和构件各部分设计形状、尺寸和相互间位置正确。

(2)应具有足够的强度、刚度和稳定性,连接牢固,能承受新浇筑混凝土的重力、侧压力及施工中可能产生的各项荷载。

(3)接缝不漏浆,制作简单,安装方便,便于拆卸和多次使用。

(4)能与混凝土结构和构件的特征、施工条件和浇筑方法相适应。

模板及支(拱)架的钢材应按国家标准《钢结构设计标准》(GB 50017—2017)的规定选

用,宜优先采用 Q235 钢。

1.2.3 模板体系的类型

1) 按制作材料划分

模板体系按制作材料划分,有木模板、钢模板、竹(木)胶合板模板、钢框竹(木)胶板模板、铝合金模板、塑料模壳、玻璃钢模板、土模、砖模、充气囊内胎模等。

2) 按模板的用途划分

模板体系按用途划分,有制梁模板、塔柱爬升模板、墩台模板、承台模板、柱桩离心转动模板等。

3) 按模板施工方法划分

(1) 拆移式模板

在施工前将预制模板按要求的形状组拼成模型,施工后分块进行拆卸,稍加清理和整修之后,即可周转使用。

拆移式模板有以下形式:

①拼装式模板:在施工现场根据混凝土结构的特点制作的木模或钢模,使用时拼接成为整体。一般为某种结构专用模板,拆除后可周转使用,也可改制成其他模板。

②整体吊装模板:将面板、肋在制模车间内制成,并拼成面积或重量较大的模板,工地拼装工作量小,模板质量高。采用起重机吊装就位,机械化程度高。现场应根据起吊能力来选定模板的大小或重量。

③组合式模板:是工具式模板的一种,由专门厂家生产,通常为一定规格的散件。它由面板、连接件、固定件及支承件组成,可根据需要组拼成大小不同的模板。其特点是通用性强、周转使用次数多,既适用于大型混凝土工程,也适用于小型零散工程的施工。

(2) 活动式模板

活动式模板由模板、支架和提升机械组成。其施工连续、快捷、质量可靠,可节省劳动力,大大减少支架工程量,主要有滑升式模板、爬升式模板和移动式模板。

1.2.4 竹胶合板模板

竹胶合板模板由竹席、竹帘、竹片等多种组坯结构及与木单板等其他材料复合而成,竹胶合板专用于混凝土施工。它是利用竹材加工余料——竹黄篾,经过中黄起篾、内黄窄吊、经纬纺织、席穴交错、高温高压(130℃,3~4MPa)、热固胶合等工艺层压而成。

我国竹材资源丰富,且竹材具有生长快、生产周期短(一般2~3年成材)的特点。另外,一般竹材顺纹抗拉强度为18MPa,为松木的2.5倍,红松的1.5倍;横纹抗压强度为6~8MPa,是杉木的1.5倍,红松的2.5倍;静弯曲强度为15~16MPa。因此,在我国木材资源短缺的情况下,以竹材为原料,制作混凝土用竹胶合板模板,具有收缩率小、膨胀率和吸水率低,以及承载能力大的特点,是一种具有发展前途的新型建筑模板。

1) 组成和构造

混凝土用竹胶合板模板,其面板可采用薄木胶合板,也可采用竹编席。薄木胶合板作面板时,其表面平整度好;竹编席作面板时,其表面平整度差,且胶黏剂用量较多。竹胶合板断面构造见图1-1。

为了提高竹胶合板的耐水性、耐磨性和耐碱性,经试验证明,竹胶合板表面进行环氧树脂涂面的耐碱性较好,进行瓷釉涂料涂面的综合效果最佳。

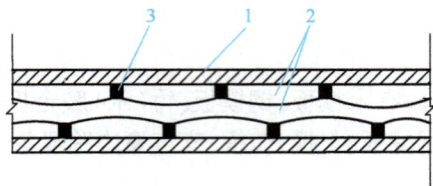

图 1-1 竹胶合板断面构造示意

1-竹编席或薄木胶合板面板;2-竹帘芯板;3-胶黏剂

2)规格和性能

（1）规格

我国行业标准《竹胶合板模板》（JGT/T 156—2004）中竹胶合板的幅面尺寸见表 1-1。混凝土模板用竹胶合板的厚度常为 9mm、12mm、15mm、18mm。

竹胶合板的幅面尺寸   表 1-1

长度（mm）	宽度（mm）	两对角线长度之差（mm）
1830	915	≤2
1830	1220	
2000	1000	≤3
2135	915	
2440	1220	≤4
3000	1500	

（2）性能

由于各地所产竹材材质不同,同时又与胶黏剂的胶种、胶层厚度、涂胶均匀程度以及热固化压力等生产工艺有关,因此,竹胶合板的物理力学性能差异较大,其弹性模量变化范围为 $(2 \sim 10) \times 10^3 \mathrm{MPa}$。一般认为,密度大的竹胶合板,相应的静弯曲强度和弹性模量值较高。

1.3 工程检算案例

1.3.1 工程概况

某特大桥 16 号连续梁（60m + 100m + 60m）采用支架现浇施工。梁体为单箱单室、变高度、变截面结构,箱梁顶宽 12m、底宽 6.7m,顶板厚度除梁端为 65cm 以外,其余均为 40cm,底板厚度 40 ~ 120cm,腹板厚度 60 ~ 100cm,梁高由跨中 4.85m 渐变到端部 7.85m。

0 号段现浇段节段长 14m,中心梁高 7.85m,梁底宽 7.9m,梁顶板宽 12m,顶板厚 40 cm,腹板厚 100cm,底板厚 120cm。

1.3.2 支架方案

16 号连续梁 315 号、316 号、317 号、318 号墩高在 8 ~ 10m 之间,小于 20m,采用满堂碗扣支架现浇方案。碗扣支架采用 $\phi 48\mathrm{mm} \times 3.5\mathrm{mm}$ 钢管,纵向立杆间距 60cm;横向立杆间距在腹板下 30cm,底板下 90cm,翼缘板下 120cm;钢管顶托上纵桥向设 20cm × 14cm 方木。

底模、外模及内模均采用 18mm 厚优质胶合板,胶合板下为 10cm×10cm 加劲肋木,间距 20cm;底板肋木下为 20cm×14cm 方木,跨距 60cm;侧模加劲肋木为 10cm×10cm 方木,肋木间距 30cm;背楞采用 2[10 槽钢,背楞间距 90cm;拉杆采用 φ20mm 圆钢,间距 90cm。

碗扣 φ48mm×3.5mm 钢管立柱通过地托支承在 14cm×20cm 方木上,地托尺寸 10cm×10cm,地基采用 C20 混凝土硬化处理,厚 20cm。施工基础前先对原地面进行整平、夯实。夯实后,碗扣支架下地基承载力为 200kPa 以上。

16 号连续梁(60m+100m+60m)支架具体形式,见图 1-2。

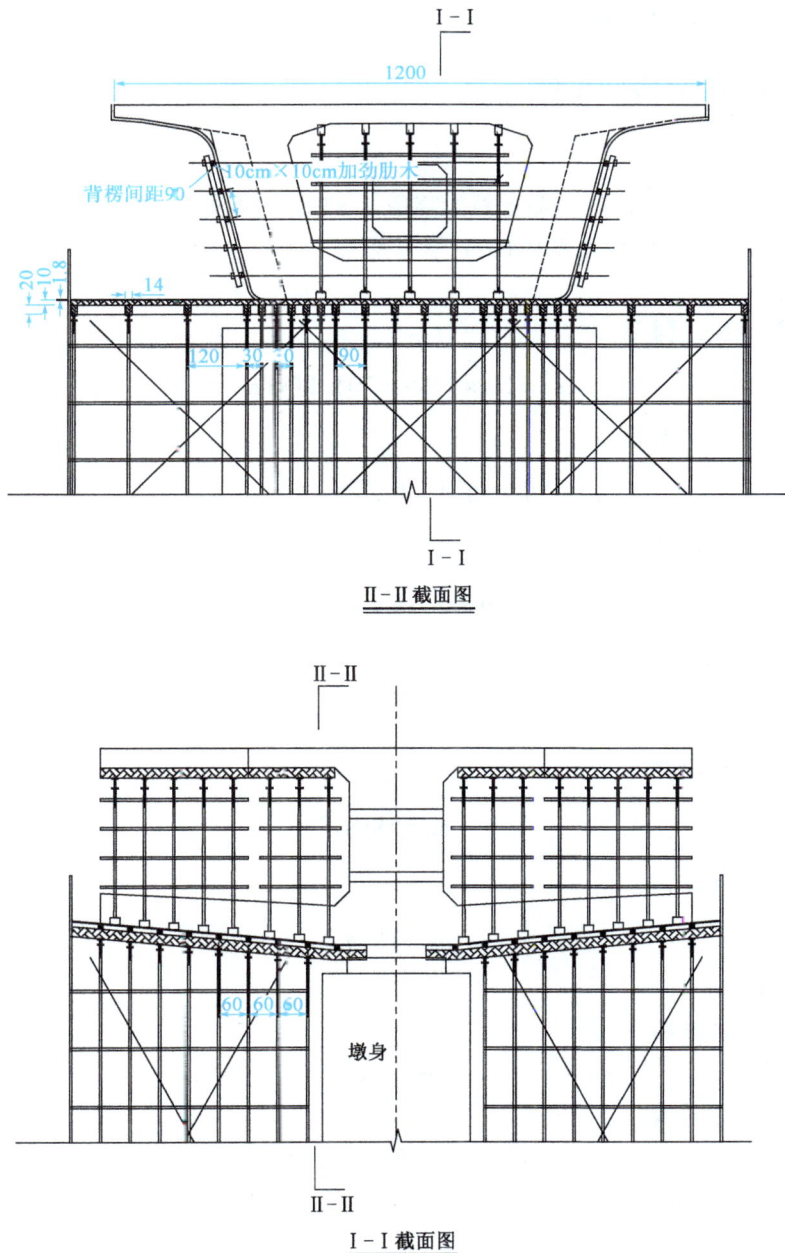

Ⅱ-Ⅱ 截面图

Ⅰ-Ⅰ 截面图

图 1-2 支架示意(尺寸单位:cm)

1.3.3 材料参数

(1)竹胶合板:$[\sigma]=18\mathrm{MPa}$,$E=9000\mathrm{MPa}$;

(2)油松、新疆落叶松、云南松、马尾松:$[\sigma]=12\mathrm{MPa}$(顺纹抗压、抗弯强度)、$[\tau]=2.4\mathrm{MPa}$(横纹抗剪强度)、$E=9000\mathrm{MPa}$;

(3)$\phi48\mathrm{mm}\times3.5\mathrm{mm}$钢管:面积$489\mathrm{mm}^2$;

(4)$[10$ 槽钢:$W=3.97\times10^{-5}\mathrm{m}^3$,$I=1.98\times10^{-6}\mathrm{m}^4$,$d=5.3\mathrm{mm}$,$E=2\times10^5\mathrm{MPa}$;

(5)钢筋混凝土:重度$26\mathrm{kN/m}^3$。

1.3.4 面板与纵横肋检算

1)荷载计算

箱梁混凝土一次浇筑成型,荷载计算梁高取$7.85\mathrm{m}$(支点处),顶板厚度$0.40\mathrm{m}$,底板厚度$1.2\mathrm{m}$,腹板宽度$1.0\mathrm{m}$,翼缘板厚度$0.65\mathrm{m}$(取根部)。

(1)永久荷载

腹板处钢筋混凝土荷载:

$$p_1=26\times7.85=204.1(\mathrm{kPa})$$

底板处钢筋混凝土荷载:

$$p_2=26\times(0.4+1.2)=41.6(\mathrm{kPa})$$

翼缘板处钢筋混凝土荷载:

$$p_3=26\times0.65=16.9(\mathrm{kPa})$$

腹板处内、外模板荷载:

$$p_4=5\mathrm{kPa}$$

底板处内、外模板荷载:

$$p_5=5\mathrm{kPa}$$

翼缘板处模板荷载:

$$p_6=1\mathrm{kPa}$$

(2)可变荷载

施工人员及设备荷载:

$$p_7=2.5\mathrm{kPa}$$

振捣混凝土产生荷载:

$$p_8=2\mathrm{kPa}(底板2\mathrm{kPa},侧模4\mathrm{kPa})$$

泵送混凝土冲击荷载:

$$p_9=3.5\mathrm{kPa}$$

(3)荷载组合

采用容许应力法不需要分项系数。

①腹板处作用在底模上的荷载：

$$p = (p_1 + p_4) + (p_7 + p_8 + p_9) = (204.1 + 5) + (2.5 + 2 + 3.5) = 217.1 (\text{kPa})$$

②底板处作用在底模上的荷载：

$$p = (p_2 + p_5) + (p_7 + p_8 + p_9) = (41.6 + 5) + (2.5 + 2 + 3.5) = 54.6 (\text{kPa})$$

③翼缘板处作用在底模上的荷载：

$$p = (p_3 + p_6) + (p_7 + p_8 + p_9) = (16.9 + 1) + (2.5 + 2 + 3.5) = 25.9 (\text{kPa})$$

若采用极限状态法：

①腹板处作用在底模上的荷载：

$$p = 1.2 \times (p_1 + p_4) + 1.4 \times (p_7 + p_8 + p_9)$$
$$= 1.2 \times (204.1 + 5) + 1.4 \times (2.5 + 2 + 3.5) = 262.12 (\text{kPa})$$

②底板处作用在底模上的荷载：

$$p = 1.2 \times (p_2 + p_5) + 1.4 \times (p_7 + p_8 + p_9)$$
$$= 1.2 \times (41.6 + 5) + 1.4 \times (2.5 + 2 + 3.5) = 67.12 (\text{kPa})$$

③翼缘板处作用在底模上的荷载：

$$p = 1.2 \times (p_3 + p_6) + 1.4 \times (p_7 + p_8 + p_9)$$
$$= 1.2 \times (16.9 + 1) + 1.4 \times (2.5 + 2 + 3.5) = 32.68 (\text{kPa})$$

2）腹板处受力检算

（1）底模面板

腹板处作用在底模面板上的荷载：$p = 217.1 \text{kPa}$。

底模面板采用的竹胶合板厚 1.8cm，在其下横桥向垫置 $10\text{cm} \times 10\text{cm}$ 的肋木，间距 20cm，则竹胶合板顺桥向净跨距 $l = 10\text{cm}$，横桥向取单位宽 $b = 1\text{m}$ 的竹胶合板，按一跨简支梁对底模面板进行检算，见图 1-3。

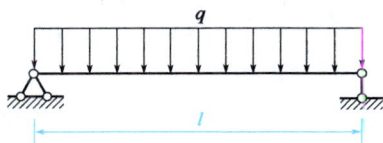

图 1-3　腹板处底模面板计算简图

顺桥向线荷载：

$$q = pb = 217.1 \times 1 = 217.1 (\text{kN/m})$$

截面抵抗矩：

$$W = \frac{bh^2}{6} = \frac{1 \times 0.018^2}{6} = 5.4 \times 10^{-5} (\text{m}^3)$$

截面惯性矩：

$$I = \frac{bh^3}{12} = \frac{1 \times 0.018^3}{12} = 4.86 \times 10^{-7} (\text{m}^4)$$

跨中弯矩：

$$M = \frac{ql^2}{8} = \frac{217.1 \times 0.1^2}{8} = 0.271 (\text{kN} \cdot \text{m})$$

故跨中最大弯曲应力：

$$\sigma = \frac{M}{W} = \frac{0.271 \times 10^6}{5.4 \times 10^{-5} \times 10^9} = 5.02 (\text{MPa}) < [\sigma] = 18\text{MPa}，强度满足要求。$$

跨中最大挠度：

$$f = \frac{5ql^4}{384EI} = \frac{5 \times 217.1 \times 100^4}{384 \times 9000 \times 4.86 \times 10^{-7} \times 10^{12}} = 0.0646(\text{mm}) < \frac{l}{400} = 0.25\text{mm}, 刚度满足$$

要求。

（2）底模肋木

腹板处底模下采用 $10\text{cm} \times 10\text{cm}$ 的横桥向肋木，间距 20cm，其下为 $20\text{cm} \times 14\text{cm}$ 的顺桥向承重方木，间距 30cm，故 $10\text{cm} \times 10\text{cm}$ 肋木横桥向跨距 $l = 30\text{cm}$，对其按两跨连续梁检算，见图 1-4。

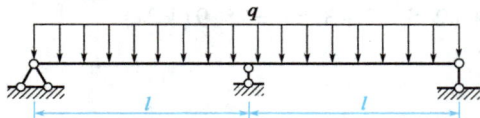

图 1-4　底模肋木计算简图

作用在横桥向肋木上的线荷载：

$$q = pb = 217.1 \times 0.2 = 43.42(\text{kN/m})$$

截面抵抗矩：

$$W = \frac{bh^2}{6} = \frac{0.1 \times 0.1^2}{6} = 1.67 \times 10^{-4}(\text{m}^3)$$

截面惯性矩：

$$I = \frac{bh^3}{12} = \frac{0.1 \times 0.1^3}{12} = 8.33 \times 10^{-6}(\text{m}^4)$$

查取《路桥施工计算手册》（周水兴、何兆益、邹毅松，人民交通出版社，2001 年 10 月第 1 版）第 762 页的附表 2-8 的荷载图序号 1（也可见附表 10-1，下同），可知：

中间支座最大负弯矩：

$$M = 0.125ql^2 = 0.125 \times 43.42 \times 0.3^2 = 0.488(\text{kN} \cdot \text{m})$$

故最大弯曲应力：

$$\sigma = \frac{M}{W} = \frac{0.488 \times 10^6}{1.67 \times 10^{-4} \times 10^9} = 2.92(\text{MPa}) < [\sigma] = 12\text{MPa}, 强度满足要求。$$

最大剪力：

$$V = 0.625ql = 0.625 \times 43.42 \times 0.3 = 8.14(\text{kN})$$

最大剪应力：

$$\tau = \frac{3V}{2A} = \frac{3 \times 8.14 \times 10^3}{2 \times 100 \times 100} = 1.22(\text{MPa}) < [\tau] = 2.4\text{MPa}, 强度满足要求。$$

最大挠度：

$$f = \frac{0.521ql^4}{100EI} = \frac{0.521 \times 43.42 \times 300^4}{100 \times 9000 \times 8.33 \times 10^{-6} \times 10^{12}} = 0.0244(\text{mm}) < \frac{l}{400} = 0.75\text{mm}, 刚度满足$$

要求。

（3）底模肋木下承重方木

$20\text{cm} \times 14\text{cm}$ 承重方木承受来自 $10\text{cm} \times 10\text{cm}$ 横桥向肋木传来的集中力 F 的作用，其间距为横桥向肋木的间距，即 $l = 20\text{cm}$。集中力 F 的大小取 $10\text{cm} \times 10\text{cm}$ 方木检算中的最大支反力 $R = 2V = 16.28\text{kN}$。$20\text{cm} \times 14\text{cm}$ 承重方木支点距取 $3l = 60\text{cm}$，按简支梁对 $20\text{cm} \times 14\text{cm}$ 方木进行检算，见图 1-5。

图 1-5　$20\text{cm} \times 14\text{cm}$ 方木计算简图

集中荷载：

$$F = R = 2V = 2 \times 8.14 = 16.28(\text{kN})$$

截面抵抗矩：

$$W = \frac{bh^2}{6} = \frac{0.14 \times 0.2^2}{6} = 9.33 \times 10^{-4} (\text{m}^3)$$

截面惯性矩：

$$I = \frac{bh^3}{12} = \frac{0.14 \times 0.2^3}{12} = 9.33 \times 10^{-5} (\text{m}^4)$$

最大弯矩：

$$M = Fl = 16.28 \times 0.2 = 3.26 (\text{kN} \cdot \text{m})$$

故跨中最大弯曲应力：

$$\sigma = \frac{M}{W} = \frac{3.26 \times 10^6}{9.33 \times 10^{-4} \times 10^9} = 3.49 (\text{MPa}) < [\sigma] = 12\text{MPa}，强度满足要求。$$

最大剪力：

$$F = 16.28\text{kN}$$

最大剪应力：

$$\tau = \frac{3F}{2A} = \frac{3 \times 16.28 \times 10^3}{2 \times 140 \times 200} = 0.87 (\text{MPa}) < [\tau] = 2.4\text{MPa}，强度满足要求。$$

最大挠度：

$$f = \frac{23F(3l)^3}{648EI} = \frac{23 \times 16.28 \times 10^3 \times 600^3}{648 \times 9000 \times 9.33 \times 10^{-5} \times 10^{12}} = 0.149 (\text{mm}) < \frac{3l}{400} = 1.5\text{mm}，刚度满足$$

要求。

3）底板处受力检算

（1）底模面板

底板处作用在底模面板上的荷载：$p = 54.6\text{kPa}$。

底模面板采用的竹胶合板厚 1.8cm，在其下横桥向垫置 10cm × 10cm 的肋木，间距 20cm，则竹胶合板顺桥向净跨距 $l = 10\text{cm}$，横桥向取单位宽 $b = 1\text{m}$ 的竹胶合板，按一跨简支梁对底模面板进行检算，见图 1-6。

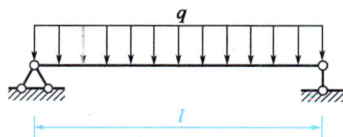

图 1-6　底板处底模面板计算简图

顺桥向线荷载：

$$q = pb = 54.6 \times 1 = 54.6 (\text{kN/m})$$

截面抵抗矩：

$$W = \frac{bh^2}{6} = \frac{1 \times 0.018^2}{6} = 5.4 \times 10^{-5} (\text{m}^3)$$

截面惯性矩：

$$I = \frac{bh^3}{12} = \frac{1 \times 0.018^3}{12} = 4.86 \times 10^{-7} (\text{m}^4)$$

跨中弯矩：

$$M = \frac{ql^2}{8} = \frac{54.6 \times 0.1^2}{8} = 0.068 (\text{kN} \cdot \text{m})$$

故跨中最大弯曲应力：

$$\sigma = \frac{M}{W} = \frac{0.068 \times 10^6}{5.4 \times 10^{-5} \times 10^9} = 1.26 (\text{MPa}) < [\sigma] = 18\text{MPa}，强度满足要求。$$

跨中最大挠度：

$$f = \frac{5ql^4}{384EI} = \frac{5 \times 54.6 \times 100^4}{384 \times 9000 \times 4.86 \times 10^{-7} \times 10^{12}} = 0.016 \, (\text{mm}) < \frac{l}{400} = 0.25\text{mm}，刚度满足$$

要求。

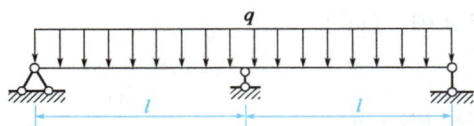

图 1-7　底模肋木计算简图

（2）底模肋木

底板处底模下采用 $10\text{cm} \times 10\text{cm}$ 的横桥向肋木，间距 20cm，其下为 $20\text{cm} \times 14\text{cm}$ 的顺桥向承重方木，间距 90cm，故 $10\text{cm} \times 10\text{cm}$ 肋木横桥向跨距 $l = 90\text{cm}$，对其按两跨连续梁检算，见图 1-7。

作用在横桥向肋木上的线荷载：

$$q = pb = 54.6 \times 0.2 = 10.92 \, (\text{kN/m})$$

截面抵抗矩：

$$W = \frac{bh^2}{6} = \frac{0.1 \times 0.1^2}{6} = 1.67 \times 10^{-4} \, (\text{m}^3)$$

截面惯性矩：

$$I = \frac{bh^3}{12} = \frac{0.1 \times 0.1^3}{12} = 8.33 \times 10^{-6} \, (\text{m}^4)$$

中间支座最大负弯矩：

$$M = 0.125ql^2 = 0.125 \times 10.92 \times 0.9^2 = 1.106 \, (\text{kN} \cdot \text{m})$$

故跨中最大弯曲应力：

$$\sigma = \frac{M}{W} = \frac{1.106 \times 10^6}{1.67 \times 10^{-4} \times 10^9} = 6.62 \, (\text{MPa}) < [\sigma] = 12\text{MPa}，强度满足要求。$$

最大剪力：

$$V = 0.625ql = 0.625 \times 10.92 \times 0.9 = 6.14 \, (\text{kN})$$

最大剪应力：

$$\tau = \frac{3V}{2A} = \frac{3 \times 6.14 \times 10^3}{2 \times 100 \times 100} = 0.921 \, (\text{MPa}) < [\tau] = 2.4\text{MPa}，强度满足要求。$$

最大挠度：

$$f = \frac{0.521ql^4}{100EI} = \frac{0.521 \times 10.92 \times 900^4}{100 \times 9000 \times 8.33 \times 10^{-6} \times 10^{12}} = 0.50 \, (\text{mm}) < \frac{l}{400} = 2.25\text{mm}，刚度满足$$

要求。

（3）底模肋木下承重方木

$20\text{cm} \times 14\text{cm}$ 承重方木承受来自 $10\text{cm} \times 10\text{cm}$ 横桥向肋木传来的集中力 F 的作用，其间距为横桥向肋木的间距，即 $l = 20\text{cm}$。集中力 F 的大小取 $10\text{cm} \times 10\text{cm}$ 方木检算中的最大支反力 $R = 2V = 12.28\text{kN}$。$20\text{cm} \times 14\text{cm}$ 承重方木支点距取 $3l = 60\text{cm}$。按简支梁对 $20\text{cm} \times 14\text{cm}$ 方木进行检算，见图 1-8。

图 1-8　$20\text{cm} \times 14\text{cm}$ 方木计算简图

集中荷载：

$$F = R = 2V = 2 \times 6.14 = 12.28 \, (\text{kN})$$

截面抵抗矩：

$$W = \frac{bh^2}{6} = \frac{0.14 \times 0.2^2}{6} = 9.33 \times 10^{-4} (\text{m}^3)$$

截面惯性矩：

$$I = \frac{bh^3}{12} = \frac{0.14 \times 0.2^3}{12} = 9.33 \times 10^{-5} (\text{m}^4)$$

最大弯矩：

$$M = Fl = 12.28 \times 0.2 = 2.46 (\text{kN} \cdot \text{m})$$

故跨中最大弯曲应力：

$$\sigma = \frac{M}{W} = \frac{3.26 \times 10^6}{9.33 \times 10^{-4} \times 10^9} = 3.49 (\text{MPa}) < [\sigma] = 12\text{MPa}, 强度满足要求。$$

最大剪力：

$$F = 12.28 \text{kN}$$

最大剪应力：

$$\tau = \frac{3F}{2A} = \frac{3 \times 12.28 \times 10^3}{2 \times 140 \times 200} = 0.66 (\text{MPa}) < [\tau] = 2.4\text{MPa}, 强度满足要求。$$

最大挠度：

$$f = \frac{23F(3l)^3}{648EI} = \frac{23 \times 12.28 \times 10^3 \times 600^3}{648 \times 9000 \times 9.33 \times 10^{-5} \times 10^{12}} = 0.112 (\text{mm}) < \frac{3l}{400} = 1.5\text{mm}, 刚度满足$$
要求。

4) 翼缘板处受力检算

(1) 翼缘板面板

翼缘板处作用在面板上的荷载: $p = 25.9\text{kPa}$。

翼缘板面板采用竹胶合板厚1.8cm，在其下横桥向垫置10cm×10cm的肋木，间距20cm，则竹胶合板顺桥向净跨距 $l = 10\text{cm}$，横桥向取单位宽 $b = 1\text{m}$ 的竹胶合板，按一跨简支梁检算，见图1-9。

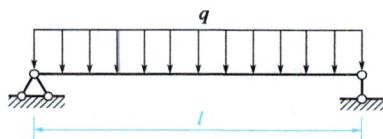

图1-9　翼缘板面板计算简图

顺桥向线荷载：

$$q = pb = 25.9 \times 1 = 25.9 (\text{kN/m})$$

截面抵抗矩：

$$W = \frac{bh^2}{6} = \frac{1 \times 0.018^2}{6} = 5.4 \times 10^{-5} (\text{m}^3)$$

截面惯性矩：

$$I = \frac{bh^3}{12} = \frac{1 \times 0.018^3}{12} = 4.86 \times 10^{-7} (\text{m}^4)$$

跨中弯矩：

$$M = \frac{ql^2}{8} = \frac{25.9 \times 0.1^2}{8} = 0.0324 (\text{kN} \cdot \text{m})$$

故跨中最大弯曲应力：

$$\sigma = \frac{M}{W} = \frac{0.0324 \times 10^6}{5.4 \times 10^{-5} \times 10^9} = 0.6 (\text{MPa}) < [\sigma] = 18\text{MPa}, 强度满足要求。$$

跨中最大挠度：

$$f = \frac{5ql^4}{384EI} = \frac{5 \times 25.9 \times 100^4}{384 \times 9000 \times 4.86 \times 10^{-7} \times 10^{12}} = 0.00771 (\text{mm}) < \frac{l}{400} = 0.25\text{mm}, 刚度满足要求。$$

（2）翼缘板肋木

翼缘板面板下采用 $10cm \times 10cm$ 的横桥向肋木，间距 $20cm$，其下为 $20cm \times 14cm$ 的顺桥向承重方木，间距 $120cm$，故 $10cm \times 10cm$ 肋木横桥向跨距 $l = 120cm$，对其按两跨连续梁检算，底模横桥向肋木，见图 1-10。

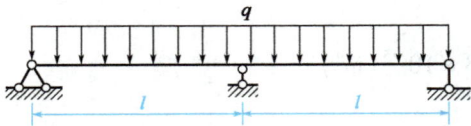

图 1-10　翼缘板肋木计算简图

作用在横桥向肋木上的线荷载：

$$q = pb = 25.9 \times 0.2 = 5.18 \, (kN/m)$$

截面抵抗矩：

$$W = \frac{bh^2}{6} = \frac{0.1 \times 0.1^2}{6} = 1.67 \times 10^{-4} \, (m^3)$$

截面惯性矩：

$$I = \frac{bh^3}{12} = \frac{0.1 \times 0.1^3}{12} = 8.33 \times 10^{-6} \, (m^4)$$

中间支座最大负弯矩：

$$M = 0.125ql^2 = 0.125 \times 5.18 \times 1.2^2 = 0.932 \, (kN \cdot m)$$

故跨中最大弯曲应力：

$$\sigma = \frac{M}{W} = \frac{0.932 \times 10^6}{1.67 \times 10^{-4} \times 10^9} = 5.58 \, (MPa) < [\sigma] = 12MPa，强度满足要求。$$

最大剪力：

$$V = 0.625ql = 0.625 \times 5.18 \times 1.2 = 3.89 \, (kN)$$

最大剪应力：

$$\tau = \frac{3V}{2A} = \frac{3 \times 3.89 \times 10^3}{2 \times 100 \times 100} = 0.584 \, (MPa) < [\tau] = 2.4MPa，强度满足要求。$$

最大挠度：

$$f = \frac{0.521ql^4}{100EI} = \frac{0.521 \times 5.18 \times 1200^4}{100 \times 9000 \times 8.33 \times 10^{-6} \times 10^{12}} = 0.746 \, (mm) < \frac{l}{400} = 3mm，刚度满足要求。$$

（3）翼缘板肋木下承重方木

$20cm \times 14cm$ 承重方木承受来自 $10cm \times 10cm$ 横桥向肋木传来的集中力 F 的作用，其间距为横桥向肋木的间距，即 $l = 20cm$。集中力 F 的大小取 $10cm \times 10cm$ 方木检算中的最大支反力 $R = 2V = 7.78kN$。$20cm \times 14cm$ 承重方木支点距取 $3l = 60cm$。按简支梁对 $20cm \times 14cm$ 方木进行检算，见图 1-11。

图 1-11　$20cm \times 14cm$ 方木计算简图

集中荷载：

$$F = R = 2V = 2 \times 3.89 = 7.78 \, (kN)$$

截面抵抗矩：

$$W = \frac{bh^2}{6} = \frac{0.14 \times 0.2^2}{6} = 9.33 \times 10^{-4} \, (m^3)$$

截面惯性矩：

$$I = \frac{bh^3}{12} = \frac{0.14 \times 0.2^3}{12} = 9.33 \times 10^{-5} (\text{m}^4)$$

最大弯矩:

$$M = Fl = 7.78 \times 0.2 = 1.56 (\text{kN} \cdot \text{m})$$

故跨中最大弯曲应力:

$$\sigma = \frac{M}{W} = \frac{1.56 \times 10^6}{9.33 \times 10^{-4} \times 10^9} = 1.67 (\text{MPa}) < [\sigma] = 12\text{MPa},强度满足要求。$$

最大剪力:

$$F = 7.78\text{kN}$$

最大剪应力:

$$\tau = \frac{3F}{2A} = \frac{3 \times 7.78 \times 10^3}{2 \times 140 \times 200} = 0.417 (\text{MPa}) < [\tau] = 2.4\text{MPa},强度满足要求。$$

最大挠度:

$$f = \frac{23Fl^3}{648EI} = \frac{23 \times 7.78 \times 10^3 \times 600^3}{648 \times 9000 \times 9.33 \times 10^{-5} \times 10^{12}} = 0.071 (\text{mm}) < \frac{3l}{400} = 1.5\text{mm},刚度满足要求。$$

5) 侧模板处受力检算

(1) 侧模面板

作用在侧模面板上的荷载: $p = 60\text{kPa}$。

侧模面板采用的竹胶合板厚 1.8cm, 加劲肋木为 10cm × 10cm 方木, 肋木间距 30cm, 侧模净跨距 $l = 20$cm。取单位宽 $b = 1$m 的竹胶合板, 按一跨简支梁对侧模面板进行检算, 见图 1-12。

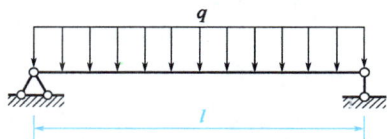

图 1-12 侧模面板计算简图

顺桥向线荷载:

$$q = pb = 60 \times 1 = 60 (\text{kN/m})$$

截面抵抗矩:

$$W = \frac{bh^2}{6} = \frac{1 \times 0.018^2}{6} = 5.4 \times 10^{-5} (\text{m}^3)$$

截面惯性矩:

$$I = \frac{bh^3}{12} = \frac{1 \times 0.018^3}{12} = 4.86 \times 10^{-7} (\text{m}^4)$$

跨中弯矩:

$$M = \frac{ql^2}{8} = \frac{60 \times 0.2^2}{8} = 0.3 (\text{kN} \cdot \text{m})$$

故跨中最大弯曲应力:

$$\sigma = \frac{M}{W} = \frac{0.3 \times 10^6}{5.4 \times 10^{-5} \times 10^9} = 5.56 (\text{MPa}) < [\sigma] = 18\text{MPa},强度满足要求。$$

跨中最大挠度:

$$f = \frac{5ql^4}{384EI} = \frac{5 \times 60 \times 200^4}{384 \times 9000 \times 4.86 \times 10^{-7} \times 10^{12}} = 0.286 (\text{mm}) < \frac{l}{400} = 0.5\text{mm},刚度满足要求。$$

(2) 侧模肋木

侧模 10cm × 10cm 肋木间距 30cm, 背楞为 2[10 槽钢, 背楞间距 90cm, 故 10cm × 10cm 肋

木跨度为 $l = 90\text{cm}$，对其按两跨连续梁进行检算，见图1-13。

作用在横桥向肋木上的线荷载：

$$q = pb = 60 \times 0.2 = 12 \, (\text{kN/m})$$

截面抵抗矩：

$$W = \frac{bh^2}{6} = \frac{0.1 \times 0.1^2}{6} = 1.67 \times 10^{-4} \, (\text{m}^3)$$

截面惯性矩：

$$I = \frac{bh^3}{12} = \frac{0.1 \times 0.1^3}{12} = 8.33 \times 10^{-6} \, (\text{m}^4)$$

跨中弯矩：

$$M = 0.125ql^2 = 0.125 \times 12 \times 0.9^2 = 1.215 \, (\text{kN} \cdot \text{m})$$

故跨中最大弯曲应力：

$$\sigma = \frac{M}{W} = \frac{1.215 \times 10^6}{1.67 \times 10^{-4} \times 10^9} = 7.28 \, (\text{MPa}) < [\sigma] = 12\text{MPa}，强度满足要求。$$

最大剪力：

$$V = 0.625ql = 0.625 \times 12 \times 0.9 = 6.75 \, (\text{kN})$$

最大剪应力：

$$\tau = \frac{3V}{2A} = \frac{3 \times 6.75 \times 10^3}{2 \times 100 \times 100} = 1.01 \, (\text{MPa}) < [\tau] = 2.4\text{MPa}，强度满足要求。$$

最大挠度：

$$f = \frac{0.521ql^4}{100EI} = \frac{0.521 \times 12 \times 900^4}{100 \times 9000 \times 8.33 \times 10^{-6} \times 10^{12}} = 0.547 \, (\text{mm}) < \frac{l}{400} = 2.25\text{mm}，刚度满足$$

要求。

（3）侧模槽钢背楞

背楞为2[10 槽钢，拉杆间距取 $3l = 90\text{cm}$，背楞承受来自侧模 $10\text{cm} \times 10\text{cm}$ 方木传来的集中力 F 的作用。集中力大小取侧模 $10\text{cm} \times 10\text{cm}$ 方木验算中的最大支反力 $R = 2V = 13.5\text{kN}$。按简支梁对2[10 槽钢进行检算，见图1-14。

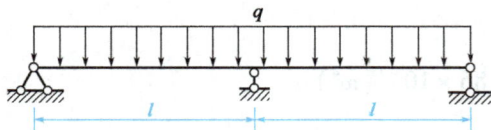

图1-13　侧模肋木计算简图　　　　　　　图1-14　槽钢背楞计算简图

集中荷载：

$$F = R = 2V = 2 \times 6.75 = 13.5 \, (\text{kN})$$

截面抵抗矩：

$$W = 2 \times 3.97 \times 10^{-5} = 7.94 \times 10^{-5} \, (\text{m}^3)$$

截面惯性矩：

$$I = 2 \times 1.98 \times 10^{-6} = 3.96 \times 10^{-6} \, (\text{m}^4)$$

最大弯矩：

$$M = \frac{F(3l)}{3} = \frac{13.5 \times 0.9}{3} = 4.05 \, (\text{kN} \cdot \text{m})$$

故跨中最大弯曲应力：

$$\sigma = \frac{M}{W} = \frac{4.05 \times 10^6}{7.94 \times 10^{-5} \times 10^9} = 51(\text{MPa}) < [\sigma] = 170\text{MPa}，强度满足要求。$$

最大剪力：

$$F = 13.5\text{kN}$$

最大剪应力：

$$\tau = \frac{VS}{Ib_1} = \frac{13.5 \times 10^3 \times (2 \times 2.35 \times 10^{-8})}{3.96 \times 10^{-6} \times (2 \times 5.3)} = 15.12(\text{MPa}) < [\tau] = 100\text{MPa}，强度满足要求。$$

最大挠度：

$$f = \frac{23F(3l)^3}{648EI} = \frac{23 \times 13.5 \times 10^3 \times 900^3}{648 \times 2 \times 10^5 \times 3.96 \times 10^{-6} \times 10^{12}} = 0.441(\text{mm}) < \frac{3l}{400} = 2.25\text{mm}，刚度满足$$

要求。

（4）侧模拉杆

拉杆为 $\phi20\text{mm}$ 圆钢，间距 $90\text{cm} \times 90\text{cm}$。

故单根拉杆所受拉力：

$$F = 60 \times 0.9 \times 0.9 = 48.6(\text{kN})$$

$\phi20$ 圆钢横截面积：

$$A = 314.2\text{mm}^2$$

故有拉杆最大应力：

$$\sigma = \frac{F}{A} = \frac{48.6 \times 10^3}{314.2} = 154(\text{MPa}) < [\sigma] = 170\text{MPa}，强度满足要求。$$

任务2 模板支架检算

2.1 工作任务

通过本任务的学习，能够进行以下内容的检算：

（1）角钢支架的强度检算；

（2）角钢支架的刚度检算；

（3）角钢支架的稳定性检算。

2.2 相关配套知识

2.2.1 组合钢模板

组合钢模板适用于各种类型的工业与民用建筑的现浇混凝土工程，在桥墩、筒仓、水坝等一般构筑物以及现场预制混凝土构件施工中也已大量采用。对于特殊工程应结合工程需要另行设计异形模板和配件。

近年来塑料模板、铝合金模板、钢框竹（木）胶合板模板等组合模板已在一些工程施工中得到应用并取得较好效果，其构造形式和模数与组合钢模板相似。

组合钢模板，是现代模板技术中，具有通用性强、装拆方便、周转次数多的一种"以钢代木"的新型模板,用它进行现浇钢筋混凝土结构施工,可事先按设计要求组拼成梁、柱、墙、楼板的大型模板,整体吊装就位,也可采用散装散拆方法。但一次投资大,拼缝多,易变形,拆模后一般都要进行抹灰,个别还需要进行剔凿。

1)结构组成

组合钢模板是指组合钢模板体系。组合钢模板由钢模板和配件两大部分组成。钢模板包括平面模板、阴角模板、阳角模板、连接角模等通用模板和倒棱模板、梁腋模板、柔性模板、搭接模板、可调模板及嵌补模板等专用模板。

配件的连接件包括 U 形卡、L 形插销钩头、螺栓紧固螺栓、对拉螺栓扣件等。

配件的支承件包括钢楞、柱箍、钢支柱、早拆柱头、斜撑、组合支架、扣件式钢管支架、门式支架、碗扣式支架、方塔式支架、梁卡具、圈梁卡和桁架等。

钢模板采用模数制设计,通用模板的宽度模数以 50mm 进级,长度模数以 150mm 进级(长度超过 900mm 时以 300mm 进级)。

钢模板的规格应符合表 1-2 的要求。

钢模板规格(mm)　　　　　　　　　　　　　　　表 1-2

名称		宽度	长度	肋高
平面模板		1200、1050、900、750、600、550、500、450、400、350、300、250、200、150、100	2100、1800、1500、1200、900、750、600、450	55
阴角模板		150×150、100×150	1800、1500、1200、900、750、600、450	
阳角模板		100×100、50×50		
连接角模		50×50	1500、1200、900、750、600、450	
倒棱模板	角棱模板	17、45	1800、1500、1200、900、750、600、450	
	圆棱模板	R20、R35		
梁腋模板		50×150、50×100		
柔性模板		100	1500、1200、900、750、600、450	
搭接模板		75		
可调模板	双曲可调模板	300×200	1500、900、600	
	变角可调模板	200×160		
嵌补模板	平面嵌板	200、150、100	300、200、150	
	阴角模板	150×150、100×150		
	阳角嵌板	100×100、50×50		
	连接角模	50×50		

2)配件的连接件

连接件应符合配套使用、装拆方便、操作安全的要求,其规格应符合表 1-3 的要求。

连接件规格(mm)　　　　　　　　　　表 1-3

名称	规格
U 形卡	$\phi 12$
L 形插销	$\phi 12$、$l = 345$

名称		规格
钩头螺栓		$\phi 12$、$l = 205$、180
达肋连接销		$\phi 12$
紧固螺栓		$\phi 12$、$l = 55$
对拉螺栓		M12、M14、M16、T12、T14、T16、T18、T20
扣件	3 形扣件	26 型、12 型
	碟形扣件	26 型、18 型

3) 配件的支承件

支承件均应设计成工具式, 其规格应符合表 1-4 的要求。

支承件规格(mm)　　　　　　　　　　　　表 1-4

名称		规格
钢楞	圆钢管型	$\phi 48 \times 3.5$
	矩形钢管型	$\square 80 \times 40 \times 2.00$、$\square 100 \times 50 \times 3.00$
	轻型槽钢型	$[80 \times 40 \times 3.00$、$[100 \times 50 \times 3.00$
	内卷边槽钢型	$[80 \times 40 \times 15 \times 3.00$、$[100 \times 50 \times 20 \times 3.00$
	轧制槽钢型	$[80 \times 43 \times 5.00$
柱箍	角钢型	$\llcorner 75 \times 50 \times 5.00$
	槽型钢	$[80 \times 43 \times 5.00$、$[100 \times 48 \times 5.30$
	圆钢管型	$\phi 48 \times 3.50$
钢支柱	C-18 型	$l = 1812 \sim 3112$
	C-22 型	$l = 2212 \sim 3512$
	C-27 型	$l = 2712 \sim 4012$
扣件式支架		$\phi 48 \times 3.50$、$l = 2000 \sim 6000$
门式支架		$\phi 48 \times 3.50$、$\phi 42 \times 2.50$
碗扣式支架、插拔式支架、盘销式支架		$\phi 48 \times 3.50$

2.2.2　55 型组合钢模板

55 型组合钢模板又称组合式定型小钢模, 肋高 55mm, 是使用最早也是目前使用较广泛的一种通用性组合模板。另外, 中型组合钢模板(例如 G-70 组合钢模板产品)是相对 55 型组合钢模板而言, 肋高为 70mm、75mm 等, 模板规格尺寸也比 55 型加大, 采用的薄钢板厚度也加厚, 这样使模板的刚度增大, 能满足侧压力 $50 kN/m^2$ 的要求。55 型组合钢模板主要由钢模板、连接件和支承件三部分组成。

钢模板的规格应符合本书附表 1 的要求。钢模板采用模数制设计, 通用模板的宽度模数以 50mm 进级, 长度模数以 150mm 进级(长度超过 900mm 时以 300mm 进级)。为满足组合钢模板横竖拼装的特点, 钢模板纵横肋的孔距与模板长度和宽度的模数应一致。由于模板长度的模数以 150mm 进级, 宽度模数以 50mm 进级, 所以模板纵肋上的孔距宜为 150mm, 端横肋上的孔距宜为 50mm, 这样可以达到横竖任意拼装的要求。

微课:55 型组合钢模板

动画:55 型组合钢模板

1) 钢模板

钢模板采用 Q235 钢材制成,钢板厚度 2.5mm,对于 ≥400mm 宽面钢模板,应采用厚度 2.75mm 或 3.0mm 钢板。主要包括平面模板、阴角模板、阳角模板、连接角模等,见本书附表 2-1。钢模板应具有足够的刚度和强度。平面模板截面特征应符合附表 3 的要求。

2) 连接件

连接件由 U 形卡、L 形插销、钩头螺栓、紧固螺栓、对拉螺栓、扣件等组成,见本书附表 2-2。对拉螺栓的规格和性能见表 1-5。扣件容许荷载,见表 1-6。

对拉螺栓的规格和性能 表 1-5

螺栓规格	螺纹内径(mm)	净面积(mm²)	容许拉力(kN)
M12	10.11	76	12.90
M14	11.84	105	17.80
M16	13.84	144	24.50
T12	9.50	71	12.05
T14	11.50	104	17.65
T16	13.50	143	24.27
T18	15.50	189	32.08
T20	17.50	241	40.91

扣件容许荷载(kN) 表 1-6

项目	型号	容许荷载
碟形扣件	26 型	26
	18 型	18
3 形扣件	26 型	26
	12 型	12

3) 支承件

(1) 钢楞

又称龙骨,主要用于支承钢模板并加强其整体刚度,见本书附表 2-3。钢楞的材料有 Q235 圆钢管、矩形钢管、轻型槽钢、内卷边槽钢、轧制槽钢等,可根据设计要求和供应条件选用,见表 1-7。

常用各种型钢钢楞的规格和力学性能 表 1-7

材料及规格 (mm)		截面积 A (cm²)	延米质量 (kg/m)	截面惯性矩 I_x (cm⁴)	截面最小抵抗矩 W_x (cm³)
圆钢管	$\phi48 \times 3.0$	4.24	3.33	10.78	4.49
	$\phi48 \times 3.5$	4.89	3.84	12.19	5.08
	$\phi51 \times 3.5$	5.22	4.10	14.81	5.81
矩形钢管	$\phi60 \times 40 \times 2.5$	4.57	3.59	21.88	7.29
	$\phi80 \times 40 \times 2.0$	4.52	3.55	37.13	9.28
	$\phi100 \times 50 \times 3.0$	8.64	6.78	112.12	22.42

规格 （mm）		截面积 A （cm²）	延米质量 （kg/m）	截面惯性矩 I_x （cm⁴）	截面最小抵抗矩 W_x （cm³）
轻型槽钢	[80×40×3.0	4.50	3.53	43.92	10.98
	[100×50×3.0	5.70	4.47	88.52	12.20
内卷边槽钢	[80×40×15×3.0	5.08	3.99	48.92	12.23
	[100×50×20×3.0	6.58	5.16	100.28	20.06
轧制槽钢	[80×43×5.0	10.24	8.04	101.30	25.30

（2）柱箍

又称柱卡箍、定位夹箍，用于直接支承和夹紧各类柱模的支承件，可根据柱模的外形尺寸和侧压力的大小来选用，见表 1-8。

常用柱箍的规格和力学性能　　　　　　表 1-8

材料	规格 （mm）	夹板长度 （mm）	截面积 A （mm²）	截面惯性矩 I_x （mm⁴）	截面最小抵抗矩 W_x（mm³）	适用柱宽范围 （mm）
扁钢	—60×6	790	360	10.80×10⁴	3.60×10³	250～500
角钢	∟75×50×5	1068	612	34.86×10⁴	6.83×10³	250～750
轧制槽钢	[80×43×5	1340	1024	101.30×10⁴	25.30×10³	500～1000
	[100×48×5.3	1380	1074	198.30×10⁴	39.70×10³	500～1200
钢管	φ48×3.5	1200	489	12.19×10⁴	5.08×10³	300～700
	φ51×3.5	1200	522	14.81×10⁴	5.81×10³	300～700

注：采用 Q235 钢。

（3）梁卡具

又称梁托架，是一种将大梁、过梁等钢模板夹紧固定的装置，并承受混凝土侧压力，其种类较多，其中钢管型梁卡具，适用于断面为 700mm×500mm 以内的梁；扁钢和圆钢管组合梁卡具，适用于断面为 600mm×500mm 以内的梁，上述两种梁卡具的高度和宽度都能调节。梁卡具采用 Q235 钢。

（4）钢支柱

用于大梁、楼板等水平模板的垂直支撑，采用 Q235 钢管制作，有单管支柱和四管支柱多种形式。单管支柱分 C-18 型、C-22 型和 C-27 型三种，其规格（长度）分别为 1812～3112mm、2212～3512mm 和 2712～4012mm。单管钢支柱截面特征，见表 1-9。四管钢支柱截面特征，见表 1-10。

单管钢支柱截面特征　　　　　　表 1-9

类型	项目	直径（mm）		壁厚 （mm）	截面积 （cm²）	截面惯性矩 I （cm⁴）	回转半径 r （cm）
		外径	内径				
CH	插管	48	43	2.5	3.57	9.28	1.16
	套管	60	55	2.5	4.52	18.70	2.03
YJ	插管	48	41	3.5	4.89	12.19	1.58
	套管	60	53	3.5	6.21	24.88	2.00

四管钢支柱截面特征　　　　表1-10

管柱规格 （mm）	四管中心距 （mm）	截面积 （cm²）	截面惯性矩 I （cm⁴）	截面抵抗矩 W （cm³）	回转半径 r （cm）
$\phi48\times3.5$	200	19.57	2005.34	121.24	10.12
$\phi48\times3.0$	200	16.96	1739.06	105.14	10.13

（5）早拆柱头

用于梁和楼板模板的支撑柱头，以及模板早拆柱头。

（6）斜撑

用于承受墙、柱等侧模板的侧向荷载和调整竖向支模的垂直度。

（7）桁架

有平面可调式和曲面可变式两种，平面可调桁架用于支承楼板、梁平面构件的模板，曲面可变桁架用于支承曲面构件的模板。

①平面可调桁架：用于楼板、梁等水平模板的支架。用它支设模板，可以节省模板支撑和扩大楼层的施工空间，有利于加快施工速度。

平面可调桁架采用角钢、扁钢和圆钢筋制成，由两榀桁架组合后，其跨度可在2100～3500mm范围内调整，一个桁架的总承载力为20kN（均匀放置）。

②曲面可变桁架：由桁架、连套件、垫板、连接板、方垫块等组成，适用于筒仓、沉井、圆形基础、明渠、暗渠、水坝、桥墩、挡土墙等侧向构件，曲面构筑物模板的支撑。

桁架用扁钢和圆钢筋焊制而成，内弦与腹筋焊接固定，外弦可以伸缩，曲面弧度可以自由调节，最小曲率半径为3m。桁架的截面特征见表1-11。

桁架截面特征　　　　表1-11

项目	杆件名称	杆件规格 （mm）	毛截面积 A （cm²）	杆件长度 l （mm）	截面惯性矩 I （cm⁴）	回转半径 r （mm）
平面可调桁架	上弦杆	∟63×6	7.2	600	27.19	1.94
	下弦杆	∟63×6	7.2	1200	27.19	1.94
	腹杆	∟36×4	2.72	876	3.3	1.1
	腹杆	∟36×4	2.72	639	3.3	1.1
曲面可变桁架	内外弦杆	25×4	2×1＝2	250	4.93	1.57
	腹杆	$\phi18$	2.54	277	0.52	0.45

（8）钢管脚手支架

主要用于层高较大的梁、板等水平构件模板的垂直支撑。

2.3　工程检算案例

2.3.1　工程概况

在桥梁跨越地物的施工条件受到严格限制或者桥梁跨度为非标准跨度时，采用简支钢混结合梁进行调跨。某特大桥所跨越的高架桥连续梁因故取消，故该特大桥13号～36号墩区段内需对各孔跨调整，其中31号～32号孔跨调整为钢混结合梁。该特大桥31号、32号墩为流线型实体墩，里程分别为DK322＋609.98、DK322＋631.38；墩全高分别为23.5m、24.0m，跨度为21.4m,钢混结合梁梁长为21.3m。

2.3.2 现浇方案

该特大桥31号~32号墩的钢混结合梁,采用钢箱梁在对应桥位的地面进行拼装焊接,然后整体吊装到桥位上,翼缘板部分混凝土采用在钢箱梁两侧设置角钢支架(图1-15)方法进行浇筑。

底板混凝土采用厚度200mm、纤维平均长度≤3mm的C30纤维混凝土一次性浇筑,作业采用泵车从一侧向另一侧浇筑,并确保混凝土振捣密实;顶板混凝土浇筑顺序从一侧向另一侧浇筑,中间设置一道50cm的后浇带,在桥面板浇筑完成10d后,浇筑后浇带。钢筋混凝土桥面板通过剪力钉与钢箱梁形成组合结构,起着共同受力的作用。

模板分两部分,一部分为钢箱梁箱室内部顶板模板,采用间距为60cm×60cm钢管脚手架支撑,浇筑完成后,作业人员通过钢箱梁端部进人洞拆除模板及支架;另一部分为外模板,用于支撑翼缘板,模板采用悬挑钢托架上铺设竹胶合板。

在钢箱梁拼装加工时将节点板栓接到腹板上,再安装悬挑钢托架,即在钢梁两侧设置角钢支架。为提高托架稳定性,托架采用角钢∟70×70×8(双列),三角架式设计如图1-15所示,沿纵向间距为1.0m;节点板采用16mm钢板焊接,节点板与钢箱梁腹板使用高强螺栓拴接,托架顶纵向采用10cm×5cm的方木,最后铺设16mm竹胶板作为底模。

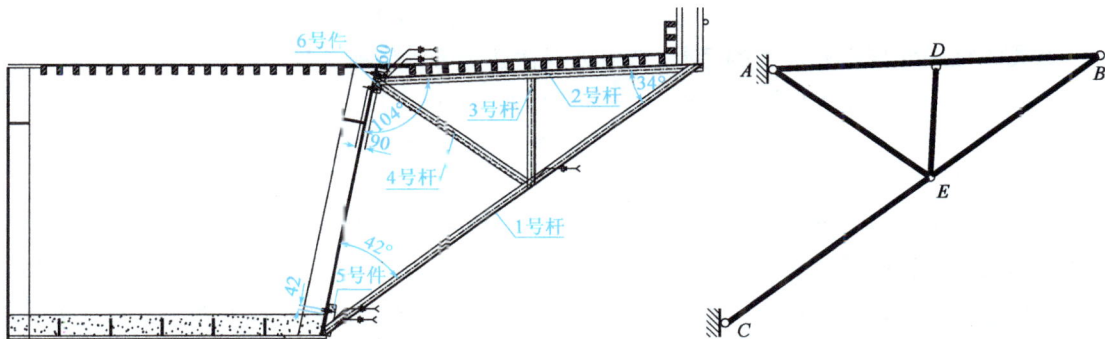

图1-15 角钢支架计算简图(尺寸单位:cm)

2.3.3 材料参数

(1)竹胶合板:$[\sigma]=18\text{MPa}$,$E=9000\text{MPa}$;

(2)油松、新疆落叶松、云南松、马尾松:$[\sigma]=12\text{MPa}$(顺纹抗压、抗弯)、$[\tau]=2.4\text{MPa}$(横纹抗剪)、$E=9000\text{MPa}$;

(3)角钢∟70×70×8(双列):$A=2\times10.667=21.334(\text{cm}^2)$,$I=2\times48.17=96.34(\text{cm}^4)$,$W=2\times9.68=19.36(\text{cm}^3)$,$Z_0=2.03\text{cm}$,$b=7.0\text{cm}$,$[\sigma]=170\text{MPa}$,$f=215\text{MPa}$;

(4)钢筋混凝土:$\gamma=26\text{kN/m}^3$。

2.3.4 翼缘板角钢支架检算

1)荷载计算

钢混结合梁梁宽为12.0m,两侧的翼缘板部分2.621m,支架长度3.0m;$L_{AD}=L_{DB}=L_{AB}/2=1.5\text{m}$,$L_{BC}=4.285\text{m}$,$L_{CE}=2.35\text{m}$,$L_{AE}=1.72\text{m}$,$L_{DE}=1.1\text{m}$,顺桥向纵向间距1.0m,混凝土厚度按

翼缘板外端0.2m,根部0.4m计。

（1）永久荷载

翼缘板处钢筋混凝土荷载：

$$p_1 = 26 \times (0.2 + 0.4)/2 = 7.8(\text{kPa})$$

翼缘板处模板荷载：

$$p_2 = 1\text{kPa}$$

（2）可变荷载

施工人员及设备荷载：

$$p_3 = 2.5\text{kPa}$$

振捣混凝土产生荷载：

$$p_4 = 2\text{kPa}(底板竖向荷载2kPa,侧模水平荷载4kPa)$$

泵送混凝土冲击荷载：

$$p_5 = 3.5\text{kPa}$$

（3）荷载组合

①翼缘板处作用在底模上的荷载,采用容许应力法不需要分项系数：

$$p = (p_1 + p_2) + (p_3 + p_4 + p_5) = (7.8 + 1) + (2.5 + 2 + 3.5) = 16.8(\text{kPa})$$

检算挠度时：

$$p = (p_1 + p_2) + (p_3 + p_4 + p_5) = (7.8 + 1) + (2.5 + 2 + 3.5) = 16.8(\text{kPa})$$

②翼缘板处作用在底模上的荷载,采用极限状态法需要分项系数：

$$p = 1.2 \times (p_1 + p_2) + 1.4 \times (p_3 + p_4 + p_5)$$
$$= 1.2 \times (7.8 + 1) + 1.4 \times (2.5 + 2 + 3.5) = 21.76(\text{kPa})$$

检算挠度时：

$$p = (p_1 + p_2) + (p_3 + p_4 + p_5) = (7.8 + 1) + (2.5 + 2 + 3.5) = 16.8(\text{kPa})$$

2)角钢支架检算

模板体系的角钢支架纵向(即顺桥方向)间距1.0m,翼缘板底模在此方向上取单位宽 $b = 1.0\text{m}$,则角钢支架在横桥向所承受的线荷载为：

$$q = pb = 16.8 \times 1 = 16.8(\text{kN/m}) \quad (容许应力法)$$

$$q = pb = 21.76 \times 1 = 21.76(\text{kN/m}) \quad (极限状态法)$$

（1）强度检算

①AB部分按两跨连续梁检算。

如图1-16所示计算简图,查取《路桥施工计算手册》(周水兴、何兆益、邹毅松,人民交通出版社,2001年10月)附表2-8,可知:跨内AD或DB最大弯矩 $M = 0.070 \times ql^2$,D支座负弯矩绝对值最大 $M = 0.125 \times ql^2$。

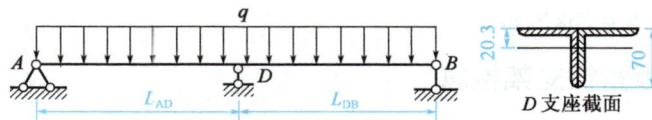

图1-16　角钢支架AB部分计算简图(尺寸单位:mm)

a.跨内最大弯矩截面检算。

采用容许应力法：

$$M = 0.070 \times ql^2 = 0.070 \times 16.8 \times 1500^2 = 2.65 \times 10^6 (\text{N} \cdot \text{mm})$$

$$\sigma = \frac{M}{I} \cdot (b - Z_0) = \frac{2.65 \times 10^6}{96.34 \times 10^4} \times (70 - 20.3) = 136.71 (\text{MPa}) < [\sigma] = 170\text{MPa}, 强度满足$$

要求。

采用极限状态法：

$$M = 0.070 \times ql^2 = 0.070 \times 21.76 \times 1500^2 = 3.43 \times 10^6 (\text{N} \cdot \text{mm})$$

$$\sigma = \frac{M}{I} \cdot (b - Z_0) = \frac{3.43 \times 10^6}{96.34 \times 10^4} \times (70 - 20.3) = 176.95 (\text{MPa}) < f = 215\text{MPa}, 强度满足要求。$$

b. D 处角钢横截面检算。

采用容许应力法：

$$M = 0.125 \times ql^2 = 0.125 \times 16.8 \times 1500^2 = 4.73 \times 10^6 (\text{N} \cdot \text{mm})$$

$$\sigma = \frac{M}{I} \cdot Z_0 = \frac{4.73 \times 10^6}{96.34 \times 10^4} \times 20.3 = 99.67 (\text{MPa}) < [\sigma] = 170\text{MPa}, 强度满足要求。$$

采用极限状态法：

$$M = 0.125 \times ql^2 = 0.125 \times 21.76 \times 1500^2 = 6.12 \times 10^6 (\text{N} \cdot \text{mm})$$

$$\sigma = \frac{M}{I} \cdot Z_0 = \frac{6.12 \times 10^6}{96.34 \times 10^4} \times 20.3 = 128.96 (\text{MPa}) < f = 215\text{MPa}, 强度满足要求。$$

②AD 或 DB 部分按简支梁检算。

如图 1-17 所示计算简图，AD 跨中正弯矩绝对值最大。

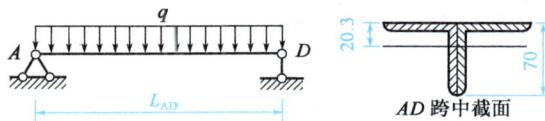

图 1-17　角钢支架 AD 部分计算简图(尺寸单位:mm)

采用容许应力法：

$$M = \frac{ql^2}{8} = \frac{16.8 \times 1500^2}{8} = 4.73 \times 10^6 (\text{N} \cdot \text{mm})$$

$$\sigma = \frac{M}{I} \cdot (b - Z_0) = \frac{4.73 \times 10^6}{96.34 \times 10^4} \times (70 - 20.3) = 244.01 = (\text{MPa}) > [\sigma] = 170\text{MPa}, 强度不$$

满足要求。

采用极限状态法：

$$M = \frac{ql^2}{8} = \frac{21.76 \times 1500^2}{8} = 6.12 \times 10^6 (\text{N} \cdot \text{mm})$$

$$\sigma = \frac{M}{I} \cdot (b - Z_0) = \frac{6.12 \times 10^6}{96.34 \times 10^4} \times (70 - 20.3) = 351.72 (\text{MPa}) > f = 215\text{MPa}, 强度不满足$$

要求。

(2)刚度检算

①AB 部分按两跨连续梁检算。

采用容许应力法：

$$f = 0.521 \times \frac{ql^4}{100EI} = \frac{0.521 \times 16.8 \times 1500^4}{100 \times 2.1 \times 10^5 \times 96.34 \times 10^4} = 2.19 (\text{mm}) < \frac{l}{400} = 3.75\text{mm}, 刚度满足$$

要求。

采用极限状态法：

$$f = 0.521 \times \frac{ql^4}{100EI} = \frac{0.521 \times 16.8 \times 1500^4}{100 \times 2.1 \times 10^5 \times 96.34 \times 10^4} = 2.19(\text{mm}) < \frac{l}{400} = 3.75\text{mm}, 刚度满足$$

要求。

②AD 或 DB 部分按简支梁检算。

采用容许应力法：

$$f = \frac{5ql^4}{384EI} = \frac{5 \times 16.8 \times 1500^4}{384 \times 2.1 \times 10^5 \times 96.34 \times 10^4} = 5.47(\text{mm}) > \frac{l}{400} = 3.75\text{mm}, 刚度不满足要求。$$

采用极限状态法：

$$f = \frac{5ql^4}{384EI} = \frac{5 \times 16.8 \times 1500^4}{384 \times 2.1 \times 10^5 \times 96.34 \times 10^4} = 5.47(\text{mm}) > \frac{l}{400} = 3.75\text{mm}, 刚度不满足要求。$$

（3）稳定性检算

角钢支架受力分析如图 1-18 所示，CE 为二力杆，AB 杆接近水平放置，按平面力系平衡条件 $\sum M_A = 0$，得到：

$$qL_{AB} \times \frac{L_{AB}}{2} = R_C \times L_{AB}\sin34°$$

$$R_C = \frac{qL_{AB}}{2\sin34°} = \frac{16.8 \times 3}{2 \times \sin34°} = 45.06(\text{kN}) \qquad （容许应力法）$$

$$R_C = \frac{qL_{AB}}{2\sin34°} = \frac{21.76 \times 3}{2 \times \sin34°} = 58.37(\text{kN}) \qquad （极限状态法）$$

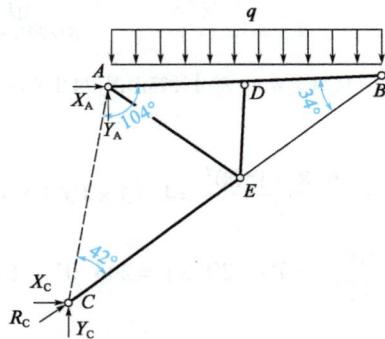

图 1-18　模板角钢支架计算简图

压杆 CE 的稳定条件：

$$i = \sqrt{\frac{I}{A}} = \sqrt{\frac{96.34}{21.334}} = 21.25(\text{mm}), \lambda = \frac{\mu L_{CE}}{i} = \frac{1.0 \times 2350}{21.25} = 111, 查本书附表6: \varphi = 0.415。$$

$$\sigma = \frac{N_{CE}}{A} = \frac{R_C}{A} = \frac{45.06 \times 10^3}{21.334 \times 100} = 21.12(\text{MPa}) < \varphi[\sigma] = 0.415 \times 170 = 70.55(\text{MPa}), 稳定性$$

满足要求。

$$\sigma = \frac{N_{CE}}{A} = \frac{R_C}{A} = \frac{58.37 \times 10^3}{21.334 \times 100} = 27.36(\text{MPa}) < \varphi[\sigma] = 0.415 \times 170 = 70.55(\text{MPa}), 稳定性$$

满足要求。

实训项目

通过本实训项目范例的学习,能够初步使用计算软件绘制角钢支架的内力图,通过下列各项目进一步训练:

(1)角钢支架的强度检算;

(2)角钢支架的刚度检算;

(3)角钢支架的稳定性检算。

翼缘板模板体系的角钢支架纵向(即顺桥方向)间距1.0m,翼缘板底模在此方向上取单位宽 $b = 1.0$ m,则角钢支架在横桥向所承受的线荷载为:

$$q = pb = 16.8 \times 1 = 16.8 (\text{kN/m}) \quad (\text{容许应力法})$$

$$q = pb = 21.76 \times 1 = 21.76 (\text{kN/m}) \quad (\text{极限状态法})$$

在本实训项目中,使用 MIDAS Civil 或 ANSYS 计算软件进行计算。

1)强度检算

支架的 AB 部分按两跨连续梁检算,如图 1-19 所示。

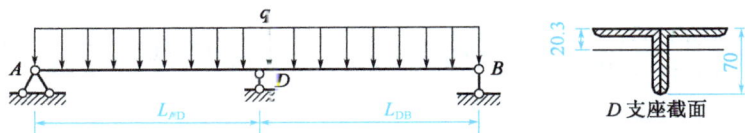

图 1-19 模板角钢支架计算简图(尺寸单位:mm)

当 $q = pb = 16.8 \times 1 = 16.8 (\text{kN/m})$(容许应力法)时,使用计算软件 MIDAS Civil 绘制的弯矩图如图 1-20 所示。

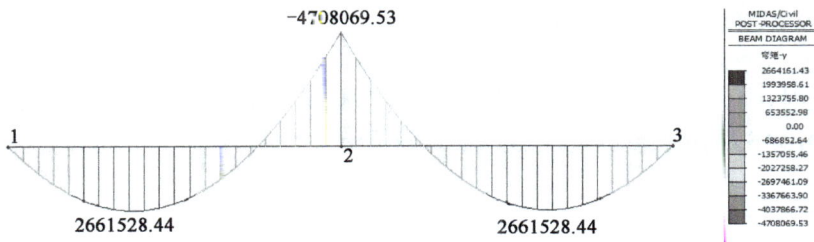

图 1-20 弯矩图(单位:N·mm)

当 $q = pb = 21.76 \times 1 = 21.76 (\text{kN/m})$(极限状态法)时,使用计算软件 MIDAS Civil 绘制的弯矩图如图 1-21 所示。

(1)跨内最大弯矩截面检算

采用容许应力法,由图 1-20 可知:

$$M = 2661528.44 \text{N·mm}$$

$$\sigma = \frac{M}{I} \cdot (b - Z_0) = \frac{2661528.44}{96.34 \times 10^4} \times (70 - 20.3) = 137.30 (\text{MPa}) < [\sigma] = 170 \text{MPa},$$强度满足要求。

采用极限状态法,由图 1-21 可知:

$$M = 3447313.02 \text{N} \cdot \text{mm}$$

$$\sigma = \frac{M}{I} \cdot Z_0 = \frac{3447313.02}{96.34 \times 10^4} \times (70 - 20.3) = 177.84(\text{MPa}) < f = 215\text{MPa},强度满足要求。$$

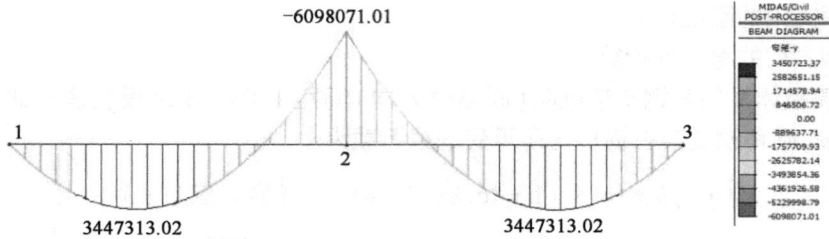

图 1-21　弯矩图(单位:N·mm)

(2)D 处角钢横截面检算

采用容许应力法,由图 1-20 可知:

$$M = 4708069.53 \text{N} \cdot \text{mm}$$

$$\sigma = \frac{M}{I} \cdot Z_0 = \frac{4708069.53}{96.34 \times 10^4} \times 20.3 = 99.20(\text{MPa}) < [\sigma] = 170\text{MPa},强度满足要求。$$

采用极限状态法,由图 1-21 可知:

$$M = 6098071.01 \text{N} \cdot \text{mm}$$

$$\sigma = \frac{M}{I} \cdot Z_0 = \frac{6098071.01}{96.34 \times 10^4} \times 20.3 = 128.49(\text{MPa}) < f = 215\text{MPa},强度满足要求。$$

2)刚度检算

支架的 AB 部分按两跨连续梁检算。

(1)采用容许应力法检算

检算挠度时,$p = (p_1 + p_2) + (p_3 + p_4 + p_5) = (7.8 + 1) + (2.5 + 2 + 3.5) = 16.8(\text{kPa})$,使用计算软件 MIDAS Civil 绘制的挠度图如图 1-22 所示。

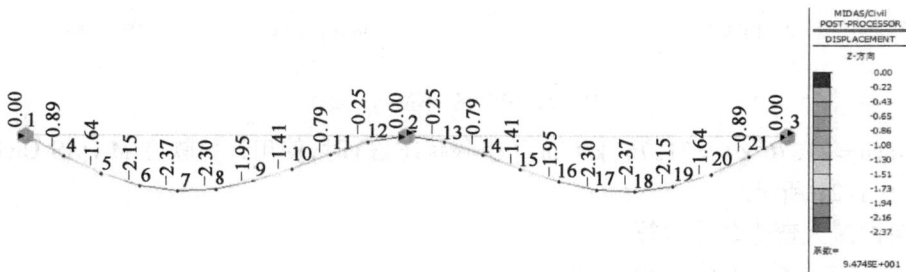

图 1-22　挠度图(单位:mm)

$$f = 2.37\text{mm} < \frac{l}{400} = 3.75\text{mm},刚度满足要求。$$

施工临时结构检算(第3版)

（2）采用极限状态法检算

检算挠度时，$p = 1.0 \times (p_1 + p_2) + 1.0 \times (p_3 + p_4 + p_5) = (7.8 + 1) + (2.5 + 2 + 3.5) = 16.8\text{kPa}$，使用计算软件 MIDAS Civil 绘制的挠度图如图 1-23 所示。

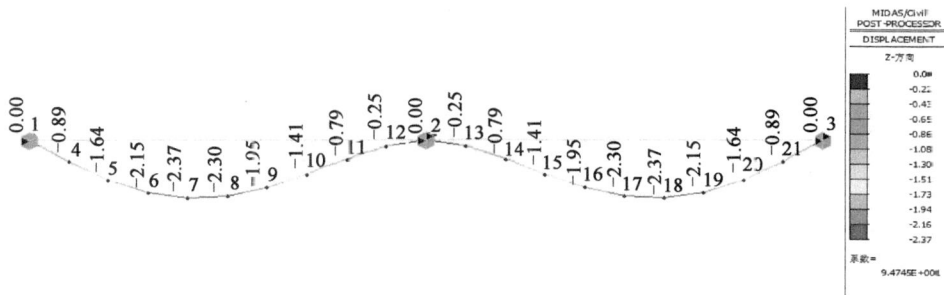

图 1-23　挠度图（单位：mm）

$f = 2.37\text{mm} < \dfrac{l}{400} = 3.75\text{mm}$，刚度满足要求。

3）稳定性检算

模板角钢支架如上述的图 1-18，容许应力法：$q = pb = 16.8 \times 1 = 16.8(\text{kN/m})$，使用计算软件 MIDAS Civil 绘制的轴力图如图 1-24 所示。

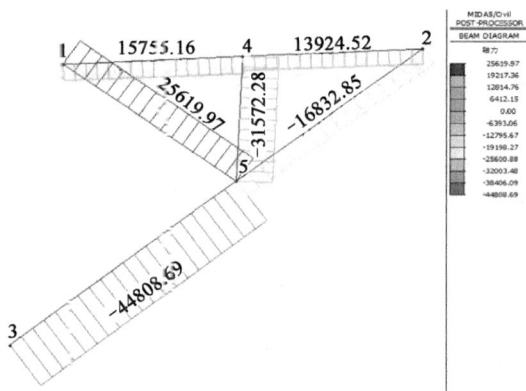

图 1-24　轴力图（单位：N）

由图 1-24 可知，$N_{CE} = 44808.69\text{N}$。

同理，按极限状态法：$q = pb = 21.76 \times 1 = 21.76(\text{kN/m})$，使用计算软件 MIDAS Civil 绘制的轴力图如图 1-25 所示。

由图 1-25 可知，$N_{CE} = 57797.88\text{N}$。

压杆 CE 的稳定条件：

$$i = \sqrt{\dfrac{I}{A}} = \sqrt{\dfrac{96.34}{21.334}} = 21.25(\text{mm})，\lambda = \dfrac{\mu L_{CE}}{i} = \dfrac{1.0 \times 2350}{21.25} = 111，查本书附表 6：\varphi = 0.415。$$

容许应力法：

$$\sigma = \dfrac{N_{CE}}{A} = \dfrac{44808.69}{21.334 \times 100} = 21.00(\text{MPa}) < \varphi[\sigma] = 0.415 \times 170 = 70.55(\text{MPa})，稳定性满足$$

要求。

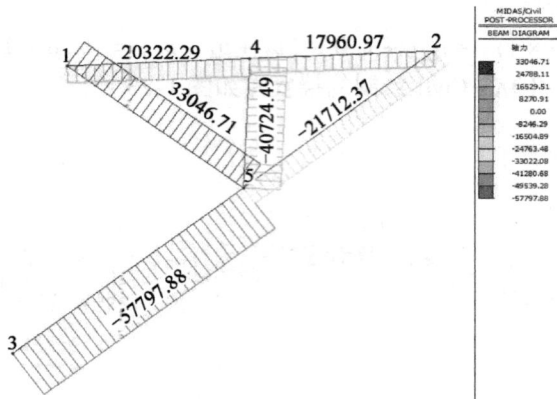

图 1-25　轴力图(单位:N)

极限状态法:

$$\sigma = \frac{N_{CE}}{A} = \frac{57797.88}{21.334 \times 100} = 27.09\,(\text{MPa}) < \varphi[\sigma] = 0.415 \times 170 = 70.55\,(\text{MPa})$$，稳定性满足要求。

拓展知识

1. 脚手架

脚手架是建设施工现场上应用最为广泛、使用最为频繁的一种临时搭建的结构,备有通道,人员可以在上面工作或经过,或者用于放置材料和设备。建筑、安装工程都需要借助脚手架来完成,它对工程进度、工艺质量、设备及人身安全起着重要的作用。搭建一个合格的脚手架,在保证高空作业人员生命安全方面,是最行之有效的方法。

1)脚手架的分类

(1)按搭设材料分类:木脚手架、竹脚手架、钢管和角铁脚手架(应积极使用钢管、角铁脚手架,淘汰竹、木脚手架)。

(2)按搭设形式分类:多立杆式(落地式)和工具式脚手架(有门形脚手架、吊篮式脚手架、悬挑式脚手架和附着式升降脚手架)。

2)脚手架需满足的要求

脚手架是为高空作业创造施工操作条件,脚手架搭设不牢固、不稳定就会造成施工中的伤亡事故,同时还需符合节约的原则,一般应满足以下要求:

(1)要有足够的牢固性和稳定性,保证在施工期间对所规定的荷载或在气候条件的影响下不变形、不摇晃、不倾斜,能确保作业人员的人身安全。

(2)要有足够的面积满足堆料、运输、操作和行走的要求。

(3)构造要简单,搭设、拆除和搬运要方便,使用要安全,并能满足多次周转使用。

(4)要因地制宜,就地取材,量材施用,尽量节约用料。

(5)脚手架严禁钢木、钢竹混搭,严禁不同受力性质的外架连接在一起。

2. MIDAS 公司与 MIDAS/Civil

MIDAS Information Technology Co., Ltd. 正式成立于 2000 年 9 月 1 日,简称 MIDAS IT,是浦项制铁(POSCO)集团成立的第一个 venture company,隶属于浦项制铁开发公司(POSCO

E&C)。北京迈达斯技术有限公司成立于2002年11月,它致力于提供建筑、桥梁、岩土、机械等领域的工程分析与设计解决方案。

MIDAS/Civil是个通用的空间有限元分析软件,可适用于桥梁结构、地下结构、工业建筑、飞机场、大坝、港口等结构的分析与设计。特别是针对桥梁结构,它结合国内的规范与习惯,在建模、分析、后处理、设计等方面提供了很多的便利功能。

MIDAS/Civil提供了直观的图形用户界面,方便用户进行建模和分析。同时,它还支持多种材料的行为模拟,适用于不同类型的工程项目。此外还提供了优化工具,帮助工程师找到最佳设计方案,满足性能和成本要求。

MIDAS/Civil可通过图形和报告形式直观展示,便于用户理解和沟通。该软件还符合多种国际设计标准,适合全球范围内的工程项目。

除了桥梁结构,MIDAS/Civil还支持施工阶段分析、水化热分析、静力弹塑性分析、支座沉降分析、大位移分析等多种分析类型,是强有力的土木工程分析与优化设计系统。

综上所述,MIDAS/Civil是一款功能强大、适用广泛的土木工程分析与设计软件,是工程师和设计师在土木工程领域进行高效、准确设计与分析的重要工具。迈达斯的产品介绍见表1-12。

迈达斯的产品介绍 表1-12

领域	产品名称
桥梁领域	MIDAS Civil NX MIDAS Civil Designer MIDAS CIM MIDAS FEA NX MIDAS LTS MIDAS Smart BDS
建筑领域	MIDAS Gen MIDAS Building MIDAS FEA NX
岩土领域	MIDAS GTS NX MIDAS XD MIDAS SoilWorks
机械领域	MIDAS Mesh Free MIDAS NFX

项目小结

(1)模板体系,简称模板,是指由面板、支架和连接件三部分系统组成的体系。模板体系的类型按模板施工方法分,有拆移式模板和活动式模板。拆移式模板又有3种形式:拼装式模板、整体吊装模板及组合式模板。

(2)模板体系的基本要求:应保证混凝土结构和构件各部分设计形状、尺寸和相互间位置正确;应具有足够的强度、刚度和稳定性,连接牢固,能承受新浇筑混凝土的重力、侧压力及施工中可能产生的各项荷载;接缝不漏浆,制作简单,安装方便,便于拆卸和多次使用;能与混凝土结构和构件的特征、施工条件和浇筑方法相适应。

(3)制作混凝土模板用的竹胶合板,具有收缩率小、膨胀率和吸水率低及承载能力大的特点,是一种具有发展前途的新型建筑模板。我国行业标准《竹胶合板模板》(JG/T 156—2004)中混凝土模板用竹胶合板的厚度常为 9mm、12mm、15mm、18mm。

(4)组合式钢模板,是现代模板技术中,具有通用性强、装拆方便、周转次数多的一种"以钢代木"的新型模板,它适用于各种类型的工业与民用建筑的现浇混凝土工程中。组合钢模板是指模板体系而言。组合钢模板由钢模板和配件两大部分组成。钢模板包括平面模板、阴角模板、阳角模板、连接角模等通用模板和倒棱模板、梁腋模板、柔性模板、搭接模板、可调模板及嵌补模板等专用模板。

(5)55 型组合钢模板又称组合式定型小钢模,肋高 55mm,是使用最早也是目前使用较广泛的一种通用性组合模板。另外,中型组合钢模板是针对 55 型组合钢模板而言,肋高为70mm、75mm 等,模板规格尺寸也比 55 型加大,55 型组合钢模板主要由钢模板、连接件和支承件三部分组成。

(6)面板与纵横肋检算内容包括:腹板处底模面板、肋木及承重方木的强度与刚度检算;底板处底模面板、肋木及承重方木的强度与刚度检算;翼缘板处底模面板、肋木及承重方木的强度与刚度检算。

(7)角钢支架检算内容包括:角钢支架的强度检算、角钢支架的刚度检算及角钢支架的稳定性检算。

复习思考题

1. 模板体系由哪几部分构成? 按模板施工方法分,模板体系的类型有哪些?

2. 面板、支架在模板体系中的作用是什么? 楞梁是什么意思?

3.《铁路混凝土工程施工技术规程》(Q/CR 9207—2017)中对模板的基本要求是什么?

4. 什么是组合钢模板? 组合钢模板由哪几部分组成?

5. 55 型组合钢模板主要由哪几部分组成? 肋高是多少?

6. 竹胶合板的结构构造如何? 常用的尺寸及力学参数有哪些?

7. 常用的肋木及承重方木的横断面尺寸及力学参数有哪些?

8. 角钢的几何特性与力学参数如何查取?

9.《建筑施工模板安全技术规范》(JGJ 162—2008)中荷载标准值有几种类型? 荷载设计值是什么含义?

10. 永久荷载、可变荷载是什么意思? 是如何分类的?

11. 永久荷载、可变荷载的分项系数如何确定? 荷载怎样组合?

12. 在任务 1 中,试说明肋木及承重方木分别是顺桥向还是横桥向放置的? 它们相互之间的空间位置关系如何?

13. 在任务 2 中,各排角钢支架顺桥向的间距是多少? 角钢支架所在平面与桥轴线的空间相对位置关系如何?

14. 线荷载与其对应的新浇筑混凝土压强之间的大小关系式是什么?

15. 角钢支架的检算内容有哪些?

16. 如何查取两等跨连续梁的内力和挠度系数?

17. 如何查取角钢轴心受压构件的稳定系数 φ?

项目 2　支架常备式构件检算

项目描述

　　本项目介绍了贝雷架、钢管脚手架支架(盘扣式、扣件式)、万能杆件及军用梁的结构组成及其参数。

　　在工程检算案例中,对贝雷架梁跨进行了强度、刚度检算,对贝雷架钢管支墩进行了稳定性检算;对盘扣式满堂支架进行了强度、刚度及稳定性检算。

学习目标

1.能力目标

(1)能够检算支架常备式构件的强度、刚度与稳定性;

(2)能够初步使用计算软件;

(3)能够编制检算书。

2.知识目标

(1)熟悉支架常备式构件的力学参数指标;

(2)掌握支架常备式构件的种类、构造及检算方法;

(3)支架常备式构件的检算项目。

任务1 贝雷架检算

1.1 工作任务

通过本任务的学习,能够进行以下内容的检算:
(1)贝雷架作为梁跨使用时,梁跨在各工况下的强度检算;
(2)贝雷架作为梁跨使用时,梁跨在各工况下的刚度检算;
(3)贝雷架作为梁跨使用时,梁跨之下钢管支墩的稳定性检算。

1.2 相关配套知识

1.2.1 贝雷架

贝雷架,即贝雷钢桥,也称装配式公路钢桥或组合钢桥,最初由英国的唐纳德·贝雷(Sir Donald Bailey)工程师于1938年第二次世界大战初期设计。它以最少种类的单元构件拼装成各种不同荷载、不同跨径的桥梁,只用非熟练工人人力搭建,一般中型卡车运输。第二次世界大战期间,这种军用钢桥被大量用于欧洲及远东战场。第二次世界大战之后,世界各国都在原贝雷钢桥的基础上结合本国实际情况设计了类似的装配式公路钢桥。

"321"装配式公路钢桥是交通部交通工程设计院(现中交公路规划设计院有限公司)在原英制贝雷钢桥的基础上,结合我国国情和实际情况研制而成的应急交通保障快速组装桥梁,如图2-1所示。"321"装配式公路钢桥为公制,采用国产16Mn钢(表2-1)。我国工地常把国产"321"装配式公路钢桥习惯地称呼为"贝雷架"。从1965年定型生产以来,在抢险救灾、边境自卫反击、国际维和行动等应急交通保障中发挥了重要作用,是我国应用最为广泛的组装式桥梁。

微课:"321"装配式公路钢桥的构造

图2-1 贝雷架用于应急抢修

该钢桥具有结构简单、适应性强、互换性好、拆装快捷、架设速度快、运输方便、载重量大等特点,深受广大用户的欢迎,广泛应用于临时便桥、加强桥梁、施工支架、龙门架和缆索吊立柱。

"321"装配式公路钢桥的主要技术指标　　　　　　　　表 2-1

指标	规格
桥面净宽	3.7m
跨距	简支桥梁 9~63m
	龙门吊架最大跨度 60m
荷载标准	汽车—10 级、汽车—15 级、汽车—20 级
	挂车 30 级
	履带 50 级

ZB-200 型装配式公路钢桥是原总装备部工程兵科研一所与西安筑路机械厂钢桥分厂共同研制、开发的最新一代拆装下承式战备钢桥,如图 2-2 所示。

图 2-2　ZB-200 贝雷架

ZB-200 型钢桥于 2002 年完成了样桥定型试验与检测(表 2-2),2002 年正式定型并获得了主管部门颁发的科技成果鉴定证书。它在结构上拥有三项发明专利,具有标准化程度高、承载能力强、疲劳寿命长、经济性能好、架设简单、适应性能强、安全可靠等特点。桥梁的桁架和加强弦杆的结构,化解了焊接应力集中的问题,使桥梁在大载荷条件下的疲劳寿命大幅度提高。桥面结构作了大胆创新,使构件重量减轻,承载能力增大。

ZB-200 型装配式公路钢桥的主要技术指标　　　　　　表 2-2

指标	规格
桥面净宽	4.2m
跨距	单车道 9~69m、双车道 9~48m、三排加强型桥(TSR3)最大 51m
荷载标准	汽车—20 级
	轮式轴压 13 级
	履带 50 级

HD200 型装配式公路钢桥是在 321 型钢桥的基础上,参照英国美贝公司最新设计的轻便 200 型钢桥, 由中交公路规划设计院有限公司设计和开发的新一代战备钢桥(表 2-3)。HD200 型装配式公路钢桥增加了桁架高度,提高了承载能力,增强了稳定性能,增加了疲劳寿命,提高了可靠度,可作为永久性或半永久性桥梁使用。与 321 型钢桥相比,相同组合情况下,强度提高了 33%,刚度提高了 2.3 倍,加工制造精度良好,桥梁平整顺直,是目前国内同类桥

梁中最先进的装配式公路钢桥。

HD200 型装配式公路钢桥的主要技术指标

表 2-3

指标	规格
桥面净宽	4.2m
跨距	单车道 9~60m
	双车道 9~48m
荷载标准	汽车—10 级、汽车—20 级
	HS15、HS20 级
	履带 50 级

1）结构组成

"321"装配式公路钢桥是由单销连接桁架单元作为主梁的半穿下承式米字形桥梁,如图 2-3 所示。其基本构件按用途可分为主体结构、桥面系、支撑连接结构和桥端结构四大部分,并配有专用的架设工具。

动画:钢桥构造

图 2-3 "321"装配式公路钢桥

（1）主体结构:即桁架式主梁,由桁架单元、桁架销子、端柱、加强弦杆、桁架螺栓、弦杆螺栓等构成。

（2）桥面系:包括横梁、纵梁、桥面板、缘材等。

（3）支撑连接结构:包括斜撑、联板、支撑架、抗风拉杆等。

（4）桥端结构:由支座、座板、搭板、搭板支座等构成。

桁架式主梁由每节 3m 长的桁架用销子连接而成,位于车行道的两侧,主梁间用横梁相连,每格桁架设置两根横梁;横梁上设置 4 组纵梁,中间两组为无扣纵梁,外侧两组为有扣纵梁;纵梁上铺设木质桥板,桥板两侧用缘材固定,桥梁两端设有端柱。横梁上可直接铺 U 形桥板。主梁通过端柱支承于桥座(支座)和座板上,桥梁与进出路间用桥头搭板连接,中间为无扣搭板,两侧为有扣搭板,搭板上铺设桥板、固定缘材。全桥设有许多连接系构件如斜撑、抗风拉杆、支撑架、联板等,使桥梁形成稳定的空间结构。

为适应不同荷载和跨径的变化,主梁桁架组合可取 10 种相应的变化,即单排单层(英文缩写 SS,图 2-4)、双排单层(DS,图 2-6)、三排单层(TS,图 2-8)、双排双层(DD,图 2-10)、三排双层(TD,图 2-12)和在上述 5 种组合的上、下弦杆上增设加强弦杆的 5 种形式(图 2-5、图 2-7、图 2-9、图 2-11 和图 2-13)。增设加强弦杆时,通常冠以"加强"二字(用英文表示时增加"R"),例如,"三排单层加强型(TSR)"等。

施工临时结构检算（第 3 版）

图 2-4　单排单层（SS）

图 2-5　单排单层加强型（SSR）

图 2-6　双排单层（DS）

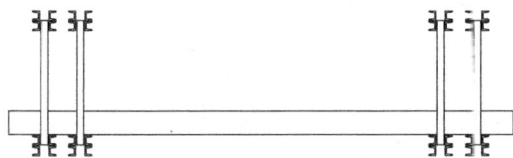

图 2-7　双排单层加强型（DSR）

图 2-8　三排单层（TS）

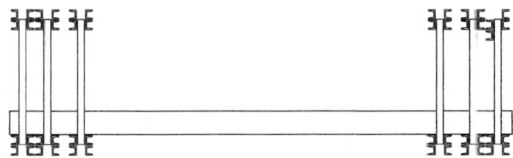

图 2-9　三排单层加强型（TSR）

图 2-10　双排双层（DD）

图 2-11　双排双层（DDR）

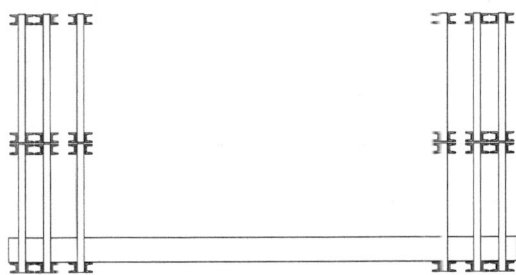

图 2-12　三排双层（TD）

图 2-13　三排双层（TDR）

2）桁架单元及参数

桁架单元，即桁架片，由上、下弦杆，竖杆和斜杆焊接而成，见图 2-14。上、下弦杆的一端为阴头，另一端为阳头，在阴、阳头上都有销子孔。两节桁架拼接时，将一节的阳头插入另一节的阴头内，对准销子孔，插上销子。每片桁架重 270kg；肩抬需作业手 4 人，手抬则需 8 人；如将上、下弦杆的加强弦杆连接后再用手抬，则需增加

微课：贝雷架
桁架单元
及参数

动画：贝雷架
桁架单元的
结构

4 人。桁架单元杆件性能见表 2-4。

图 2-14　桁架单元

桁架单元杆件性能　　　　　　　　　　　　　　　　　　　　表 2-4

杆件名	材料	横断面形式	横断面积（cm^2）	I_x（cm^4）	W_x（cm^3）	i_x（cm）	I_y（cm^4）	W_y（cm^3）	i_y（cm）	理论容许承载能力（kN）
弦杆	16Mn	$][[_{10}$	25.48	396.6	79.4	3.95	827	94	5.7	560
竖杆	16Mn	I_8	9.52	99	24.8	3.21	12.7	4.9	1.18	210
斜杆	16Mn	I_8	9.52	99	24.8	3.21	12.7	4.9	1.18	171.5

桁架其他常用参数见表 2-5 ~ 表 2-9。

各类桥梁每节重量（kN）　　　　　　　　　　　　　　　　　表 2-5

装配	鼻架			单排单层		双排单层		三排单层		双排双层		三排双层		说明
	单排单层	双排单层	三排单层	标准型	加强型	标准型	加强型	标准型	加强型	标准型	加强型	标准型	加强型	
全部装齐	9.0	15.0	20.7	22.7	26.3	28.7	35.7	34.4	45.0	40.2	47.3	51.7	62.3	木质桥板
全部装齐				21.7	25.3	27.7	34.7	33.4	44.0	39.2	46.3	50.7	61.3	钢质桥面

桥梁几何特性　　　　　　　　　　　　　　　　　　　　　　表 2-6

几何特性		W（cm^3）	I（cm^4）
单排单层	标准型	3578.5	250497.2
	加强型	7699.1	577434.4
双排单层	标准型	7157.1	500994.4
	加强型	15398.3	1154868.8
三排单层	标准型	10735.6	751491.6
	加强型	23097.4	1732303.2
双排双层	标准型	14817.9	2148588.8
	加强型	30641.7	4596255.2

几何特性		$W(\text{cm}^3)$	$I(\text{cm}^4)$
三排双层	标准型	22226.8	3222883.2
	加强型	45952.6	6894390.0

注:表中数值为半边桥之值,全桥时应乘以2。

桁架结构容许内力 表2-7

容许内力	标准结构型					加强结构型				
	单排单层	双排单层	三排单层	双排双层	三排双层	单排单层	双排单层	三排单层	双排双层	三排双层
	SS	DS	TS	DD	TD	SSR	DSR	TSR	DDR	TDR
弯矩(kN·m)	788.2	1576.4	2246.4	3265.4	4653.2	1687.5	3375.0	4809.4	6750.0	9618.8
剪力(kN)	245.2	490.5	698.9	490.5	698.9	245.2	490.5	698.9	490.5	698.9

荷载、跨径与桥梁组合配置 表2-8

跨径(m)	荷载				
	汽车—10级	汽车—15级	汽车—20级	履带—50级	挂车—80级
9	SS	SS	SS	SS	—
12	SS	SS	SS	SS	DS
15	SS	SS	SSR	SSR	DS
18	SS	SSR	DS	DS	DS
21	SSR	SSR	DS	DS	DSR
24	SSR	DS	DS	DSR	DSR
27	SSR	DSR	DSR	DSR	DSR
30	DS	DSR	DSR	DSR	TSR
33	DSR	DSR	DSR	DSR	TSR
36	DSR	DSR	DSR	DSR	TSR
39	DSR	DSR	TSR	TSR	TDR
42	DSR	TSR	TSR	TSR	TDR
45	TSR	TSR	TDR	TDR	—
48	TSR	DDR	TDR	TDR	—
51	DDR	DDR	TDR	TDR	—
54	DDR	DDR	—	TDR	—
57	DDR	TDR	—	TDR	—
60	DDR	TDR	—	TDR	—
61	TDR	—	—	—	—

贝雷技术性能对比 表2-9

技术参数	英制贝雷	200型贝雷	技术参数	英制贝雷	200型贝雷
桁架长(m)	3.3048		桥面宽(m)	3.7	4.7
高(m)	1.4478	2.235(7')		(可加宽到4.0)	(可加宽到7.0)

技术参数	英制贝雷	200型贝雷	技术参数	英制贝雷	200型贝雷
重量（N）	2700	2860	桥面材料	木板	钢桥板
桁架抗弯能力（kN·m）	770.41	1270.5	每节桁架横梁数	2或4	1
桁架抗剪强度（kN）	152	355.1	30m桥跨自重（kN）	470	320
			30m桥跨构件数（件）	102	31
桁架弦杆轴力（kN）	559	650.1	30m桥跨双排单层架设时间（h）	6	4
材料	50A（相当于M16）		60m桥跨自重（kN）	1500	1040
			60m桥跨构件数（件）	141	98

1.2.2　军用梁

六四式铁路军用梁是我国自行研制、中等跨度适用、标准轨距和1m轨距通用的一种铁路桥梁抢修制式器材，它是一种全焊构架主桁、销接组装、单层或双层多片式、明桥面体系的拆装式上承钢桁梁，如图2-15所示。

图2-15　六四式铁路军用梁

1964年6月经国务院军工产品定型委员会批准设计定型（代号：102），1967年批准改型，定名为"加强型六四式铁路军用梁"。两种器材代号分别为：六四式铁路军用梁102-1和加强型六四式铁路军用梁102-3。二者装配尺寸相同，可以互换装配，具体区别在于二者所使用的材料不同：前者是16锰低合金钢，后者仅用15锰钒氮高强度低合金钢加强标准三角和标准弦杆。

1）适用范围

主要用于战时标准轨距铁路桥梁梁部结构的应急抢修（图2-16），也适用于1m轨距的铁路桥梁。必要时，也可用作铁路浮桥的梁部结构，在新建铁路工程中，可作临时桥梁和平时铁路桥梁防洪抢险器材使用。在桥梁建设工程中，作为工程辅助器材，可广泛用作施工便桥、脚手、膺架或拼组简易架桥机、龙门式起重机等。增配公路桥面后，也可以用于公路桥梁抢修和临时公路便桥的快速修建，以及公路工程的施工辅助器材。

图 2-16　军用梁用于应急抢修

六四式铁路军用梁器材在 16～48m 跨度范围内,加强型六四式铁路军用梁器材在 16～53m 跨度范围内,除可以拼组铁路标准跨度外,配用不同长度的辅助端构架,除 18.5m、22.5m、26.5m、30.5m、34.5m、38.5m、42.5m、46.5m、50.5m 等几种跨度不能拼组外,其余都可以按每 0.5m 变化跨度,能够完全适应我国铁路标准跨度和现有非标准跨度桥梁的梁部结构的抢修之用。

低支点套器材除可以拼组铁路标准跨度梁外,非标准跨度的梁只能按标准跨度增加 1m 或增加 2m 两种长度调整跨度。

2) 器材组成

(1) 构件

六四式铁路军用梁和加强型六四式铁路军用梁共有 13 种构件,其中 9 种构件(构件代号为②、④、⑤、⑥、⑦、⑧、⑨、⑩、⑪) 在两种型号的器材中是通用的,其余 4 种构件中,代号①、③构件用于六四式铁路军用梁,代号㉑、㉓构件用于加强型六四式铁路军用梁,见附表 9。因此,实际上两种型号的器材各有 11 种构件,可分为以下三类。

①基本构件。

包括标准三角①、端构架②、标准弦杆③、端弦杆④、斜弦杆⑤、撑杆⑥、加强三角㉑、加强弦杆㉓共八种,可用以拼组成符合国家标准规定的铁路桥梁标准跨度。

由①、②、③、④、⑤、⑥六种构件及其他配件组成的成套器材,称为"六四式铁路军用梁标准套";由㉑、②、㉓、④、⑤、⑥六种构件及其他配件组成的成套器材,称为"加强型六四式铁路军用梁标准套"。

②辅助端构架构件。

包括 1.5m(代号⑦)、2.5m(代号⑧)、3.0m(代号⑨) 三种不同长度的端构架,作为六四式铁路军用梁和加强型六四式铁路军用梁的辅助器材,单独组成"辅助套",配合标准套使用,代替标准套中 2m 长的端构架②,以调整桥跨长度。

③低支点端构架构件。

包括 2m(代号⑩) 和 3m(代号⑪) 两种不同长度的低支点端构架,适用于梁部结构支点建筑高度较低的铁路桥梁。

用 2m 低支点端构架代替"六四式铁路军用梁标准套"中的端构架②而组成的成套器材,称为"六四式铁路军用梁低支点套";用 2m 低支点端构架代替"加强型六四式铁路军用梁标准套"中的端构架②而组成的成套器材,称为"加强型六四式铁路军用梁低支点套"。

3m 低支点端构架仅作为六四式铁路军用梁或加强型六四式铁路军用梁低支点套的辅助器材，单独组成"低支点辅助套"，配合低支点套使用，代替低支点套中的 2m 低支点端构架以调整桥跨长度。

（2）配件

六四式铁路军用梁和加强型六四式铁路军用梁的配件是通用的，共有 11 种，按用途分为以下四类。

①主桁构件连接销钉。包括钢销和撑杆销栓两种。

②连接系配件。包括横连接套管螺栓、连接系槽钢、二号 U 形螺栓、三号 U 形螺栓四种。

③桥面系配件。包括钢枕、一号 U 形螺栓、压轨板、压轨螺栓四种。

④支座。每套支座包括垫枕 2 根、定位角钢 8 只和连接螺栓 25 套。

1.2.3　万能杆件

万能杆件又称拆装式杆件，是广泛应用于我国铁路与公路桥梁施工的一种常备式辅助结构。万能杆件可以组拼成桥架、墩架、塔架和龙门架等形式的大型设备，还可作为现浇梁的临时支墩、线路抢修用的墩体等，如图 2-17 所示。总之，用万能杆件拼组的空间结构，大致可划分为桁梁和塔架两类。前者多平放，有时斜放，后者常竖向直立。万能杆件拆装容易，运输方便，利用率高，可以大量节省辅助结构所需的木料、劳动力并缩短工期，适用范围广，尤其在大型桥梁工地，万能杆件几乎是一种必不可少的施工辅助设备。

图 2-17　万能杆件

1）杆件规格

万能杆件的类型有铁道部生产的甲型（又称 M 型）、乙型（又称 N 型）和西安筑路机械厂生产的乙型（称为西乙型）。

M 型（称为老式）共有零件 26 种，N 型（称为新式）共有零件 30 种。这两种杆件在结构和拼装形式上基本相同，仅角钢尺寸，节点板、缀板的大小，螺栓孔直径和钉孔位置稍有差异。目前广泛使用和大量制造的为新式万能杆件，其零件上的螺栓孔有直径 28mm 及 23mm 两种，螺栓孔的距离有以下 4 种：弦杆或柱上的为 100mm，斜杆上的为 85mm，横撑或立杆上的为 86mm，对角支撑上的为 70mm。用于每种杆件的节点板都有相应的螺栓孔直径和孔距，选用时必须注意。M 型和 N 型两种万能杆件拼装形式有单拼、双拼、三拼和四拼等几种。

西乙型万能杆件与上述两种在结构、拼装形式上基本相同，仅弦杆角铁尺寸、部分缀板的大小和螺栓直径稍有差异。西乙型万能杆件构件规格、尺寸与质量见表 2-10，共有大小构件 24 种。其中杆件及拼接用的角钢零件 9 种，编号为①、②、③、④、⑤、⑥、⑦、⑦A、⑯；节点板 9

种,编号为⑧、⑪、⑬、⑰、⑱、㉒、㉒A、㉓、㉖;缀板 2 种,编号为⑲、⑳;填板 1 种,编号为⑮;支承件 1 种,编号为㉑A;普通螺栓 2 和,编号为㉔、㉕。

西乙型万能杆件规格、尺寸与质量

表 2-10

编号	名称	规格(mm)	单位质量(kg)	附注
①	长弦杆	∟100×100×12×3994	71.49	
②	短弦杆	∟100×100×12×194	35.69	
③	斜杆	∟100×100×12×2350	42.07	
④	立杆	∟75×75×8×1770	15.98	
⑤	斜撑	∟75×75×8×2478	22.38	
⑥	连接角钢	∟90×90×8×580	8.20	用于①或②
⑦	支承角钢	∟100×100×12×494	8.84	用于①或②
⑦A	支承靴角钢	∟100×100×12×594	10.63	用于①或②
⑧	节点板	⊐250×280×10	9.42	①②与④⑤相连
⑪	节点板	○860×552×10,$A=33.98\text{cm}^2$	35.88	①②与③④相连
⑬	节点板	⬠580×552×10,$A=2492\text{cm}^2$	19.56	①②与④⑯相连
⑮	弦杆填塞板	⊐8×480×10	3.01	用于①或②
⑯	长立杆	∟75×75×8×3770	34.04	
⑰	节点板	⬠626×350×10,$A=2005\text{cm}^2$	15.74	④⑯与④⑤相连
⑱	节点板	○305×314×10,$A=606\text{cm}^2$	4.76	④⑯与④⑤水平相连
⑲	缀板	□210×180×10	2.97	用于①或②
⑳	缀板	□170×160×10	2.14	用于③④⑤⑯
㉑A	支承靴		24.01	
㉒	节点板	□580×392×10	17.85	①②与④⑤相连
㉒A	节点板	□580×566×10	25.77	①②与④⑤相连
㉓	节点板	⬠540×262×10,$A=1334\text{cm}^2$	10.47	④⑯与④⑤相连
㉔	普通螺栓	$\phi22×(40、50、60)$		
㉕	普通螺栓	$\phi27×(40、50、60、70、80)$		
㉖	大节点板	□860×886×10,$A=7042\text{cm}^2$	73.84	①②与③④相连

注:各种构件除⑲⑳用 Q235 钢制作外,其余均用 16Mn 钢制作。

N 型万能杆件的③为∟100×75×12×2350;⑨为连接角钢∟75×75×8×630 和⑩为横撑角钢∟75×75×8×5770;㉕螺栓直径为 28;无口大节点板;各种节点板、支承靴的尺寸与西乙型稍有不同,其余构件规格尺寸与西乙型万能杆件相同。

M 型万能杆件是早期产品,①、②、⑦构件角钢为∟120×75×12,⑥为∟100×100×10×580;㉕螺栓直径为 27;其余构件与 N 型万能杆件基本相同。

2）杆件组拼

（1）M 型与 N 型

用万能杆件拼装桁架时，桁高可为 2m、4m、6m 及以上。当高度为 2m 时，腹杆为三角形；高度为 4m 时，腹杆可做成菱形；高度超过 6m 时，可做成多斜杆的形式。

桁架之间的距离可等于 0.28m、2m、4m、6m 及以上。为了适应对桁架承载能力的要求，可用变更组成杆件的零件数目、杆件的自由长度、桁架高度或桁架片数等方法加以调整。

用万能杆件拼制的墩架、柱的距离和桁架之间的距离可完全一样，柱高除柱头及柱脚各为 0.561m 外，可按 2m 一节变更。

（2）西乙型

用万能杆件组拼成桁架时，其高度可为 2m、4m、6m 及以上。当高度为 2m 时，腹杆为三角形，当高度和宽度为 4m 时，腹杆为菱形，高度超过 6m 时，则可做成多斜杆的形式。

桁架的荷重能力，应根据荷载标准和跨度检算，可采用下列方法变更荷重能力：①变更组成杆件的构件数目；②变更桁架的自由长度；③变更桁架的高度；④变更桁架的数目。

用万能杆件组拼成墩架、塔架时，其柱与柱的距离，可以和桁架完全一样，按 2.0m 倍数。

1.3 工程检算案例

1.3.1 工程概况

某特大桥从 122 号到 126 号墩柱间跨径布置为 36m + 55.65m + 53.5m + 29.6m 的四跨连续钢箱梁结构，左右幅桥面各宽 20.4m，分幅分离 0.2m，双向 2.0% 横坡。单幅截面为单箱七室，单箱宽 2.2m，箱梁中心高度 2.5m，两侧悬臂长 2.5m，如图 2-18 所示。

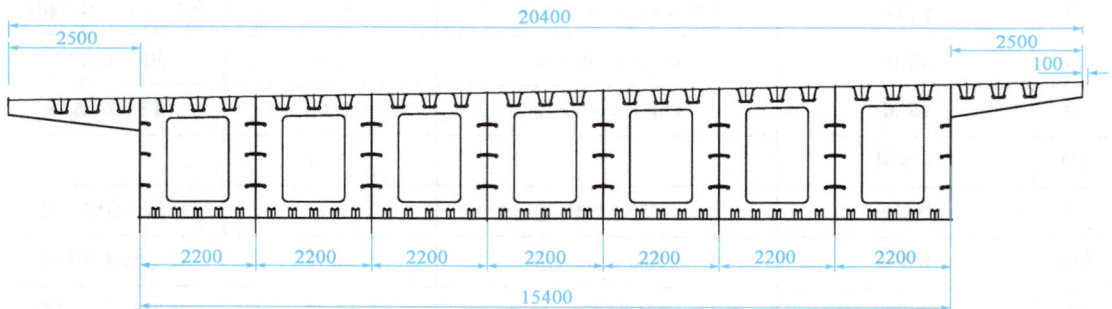

图 2-18 钢箱梁截面图（左半幅）（尺寸单位：mm）

钢箱梁顶板、底板厚均为 16mm，中腹板为 12mm，边腹板为 16mm；顶板采用厚 8mm 的 U 形加劲肋，腹板采用厚 14mm 的平板加劲肋，底板采用 T 形纵加劲肋。箱内纵向每隔 3.0m 设一道普通横隔板，两侧悬臂部分采用 U 形加劲肋。

钢箱梁每节段于厂内下料、打坡口、表面预处理、板单元组焊加工制造出厂，板单元在现场组装工地组装焊接成节段箱梁。采用临时支架进行节段梁吊装安装，桥上节段梁组装焊接，桥面调整处理及表面涂装作业成桥。

1.3.2 架设方案

四孔梁跨吊装施工前先在各跨桥墩中间设置临时钢管支墩，其顶部安放"321 型"军用贝雷架作为节段梁在桥面纵向移动的支承平台。

第 123 号~126 号墩桥跨越渭河大堤,桥高近 30m,因而采用提梁机完成节段梁垂直方向的提升,80t 拆装式提梁机布置于 125 号与 126 号墩之间,提梁机主梁沿桥向横向布置,总长约 60m,覆盖范围跨越左右两幅,并能保证在左幅外还能完成一个节段箱梁的提升。提梁机主梁一侧采用临时支墩支承,另一侧直接采用 126 号墩盖梁支承,满足单幅架梁要求。主梁上布设起重小车走行轨道。

吊梁后,起重小车沿主梁轨道前行到位后将节段梁安放于贝雷架上的拖拉小车(运梁台车)上,各节段梁组拼时拖拉小车沿纵桥向拖拉到位后,采用落梁千斤顶、横向位置调节装置等人工微调对位。节段梁按由 122 号墩至 126 号墩顺序安装,先安装右幅,再安装左幅。临时支墩布置如图 2-19 所示。

1.3.3 材料参数

1) 贝雷架截面参数

(1) 贝雷架为 3 排时

截面惯性矩:

$$I = 12 \times (1274 \times 700^2 + 1983000) = 7514916000 \, (\text{mm}^4)$$

截面模量:

$$W = \frac{I}{y_{max}} = \frac{7514916000}{750} = 10019888 \, (\text{mm}^3)$$

横截面积:

$$A = 1274 \times 4 \times 3 = 15288 \, (\text{mm}^2)$$

(2) 贝雷架为 4 排时

截面惯性矩:

$$I = 16 \times (1274 \times 700^2 + 1983000) = 10019888000 \, (\text{mm}^4)$$

截面模量:

$$W = \frac{I}{y_{max}} = \frac{10019888000}{750} = 13359851 \, (\text{mm}^3)$$

横截面积:

$$A = 1274 \times 4 \times 4 = 20384 \, (\text{mm}^2)$$

2) 贝雷架之下的钢管支墩参数

4 根钢管为一组的钢管支墩高度为 30791.5mm;

$\phi 813\text{mm} \times 8\text{mm}$ 钢管面积:

$$A = \frac{\pi}{4} \times (813^2 - 797^2) = 20221.6 \, (\text{mm}^2)$$

截面惯性矩:

$$I = \frac{\pi}{64} \times (813^4 - 797^4) = 1638174565 \, (\text{mm}^4)$$

$$[\sigma] = 160\text{MPa}$$

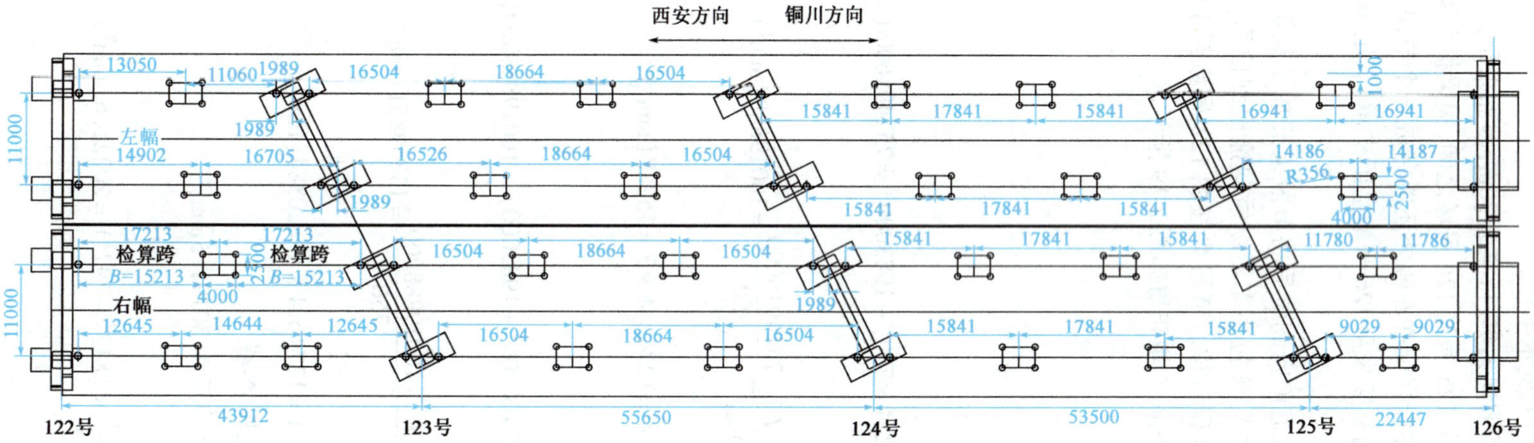

图2-19　左、右幅桥墩布置图（尺寸单位：mm）

1.3.4 贝雷架梁跨检算

1) 荷载参数

检算的荷载参数如下：

（1）安装节段梁重 $Q = 80t$；

（2）安装节段梁长 $L = 7150mm$；

（3）运梁台车重 $P_1 = 1280 \times 4 = 5120kg$（4 辆运梁台车的总重）；

（4）运梁台车走行梁立柱间最大跨距 $B = 15213mm$（或 $L = 15213mm$，见图 2-19 中的边跨 122 号至 123 号右幅左侧检算跨）；

（5）梁段安放于施工桥上时，对施工桥的均布荷载 q_1：

由偏载系数 $K_1 = 1.2$ 及动载系数 $K_2 = 1.1$，得到

$$q_1 = \frac{1}{4}K_1K_2\frac{Q}{L} = \frac{1}{4} \times 1.2 \times 1.1 \times \frac{800000}{7150} = 36.92(N/mm)$$

（6）运梁台车走行轮对走行钢轨的轮压 P：

$$P = K_1K_2\frac{Q + P_1}{n} = 1.2 \times 1.1 \times \frac{800000 + 51200}{16} = 70224(N)$$

（7）四个千斤顶将梁段同时顶起时，单个千斤顶的支撑力 P_2：

$$P_2 = K_1K_2\frac{Q}{4} = 1.2 \times 1.1 \times \frac{800000}{4} = 264000(N)$$

（8）桁架梁及钢轨自重 q_2：

3 排单层时：$q_2 = (2760 \times 3 + 446.53 \times 3 + 132.5 \times 4 + 91.8 \times 8)/3000 = 3.63(N/mm)$

4 排单层时：$q_2 = (2760 \times 4 + 446.53 \times 3 + 132.5 \times 4 + 91.8 \times 8)/3000 = 4.55(N/mm)$

2) 梁跨检算

在 122 号与 123 号墩之间，右幅左侧桥架立柱间距最大，即运梁台车走行梁立柱间最大跨距 $B = 15213mm$（图 2-19），选该跨为检算梁跨。安装梁段重 80t、长 7.15m，运梁台车重 1.28t。

贝雷架（不加强）为四排单层时，在三种工况下，使用 ANSYS 或 MIDAS Civil 计算出最大弯矩、最大剪力和最大挠度，并进行强度与刚度检算。检算过程如下。

微课：贝雷梁
检算工况分析

（1）工况 1

该工况为当第一跨左侧放置一节梁段，运梁台车运载着一节梁段处于第一跨中间的情况，如图 2-20 所示。得到的弯矩、剪力和挠度如图 2-21 所示。

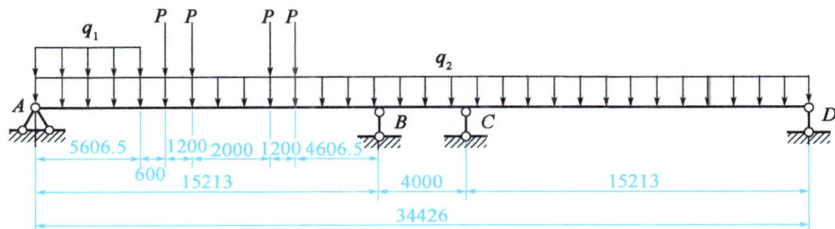

图 2-20　工况 1 计算简图（尺寸单位：mm）

a)弯矩图

b)剪力图

c)挠度图

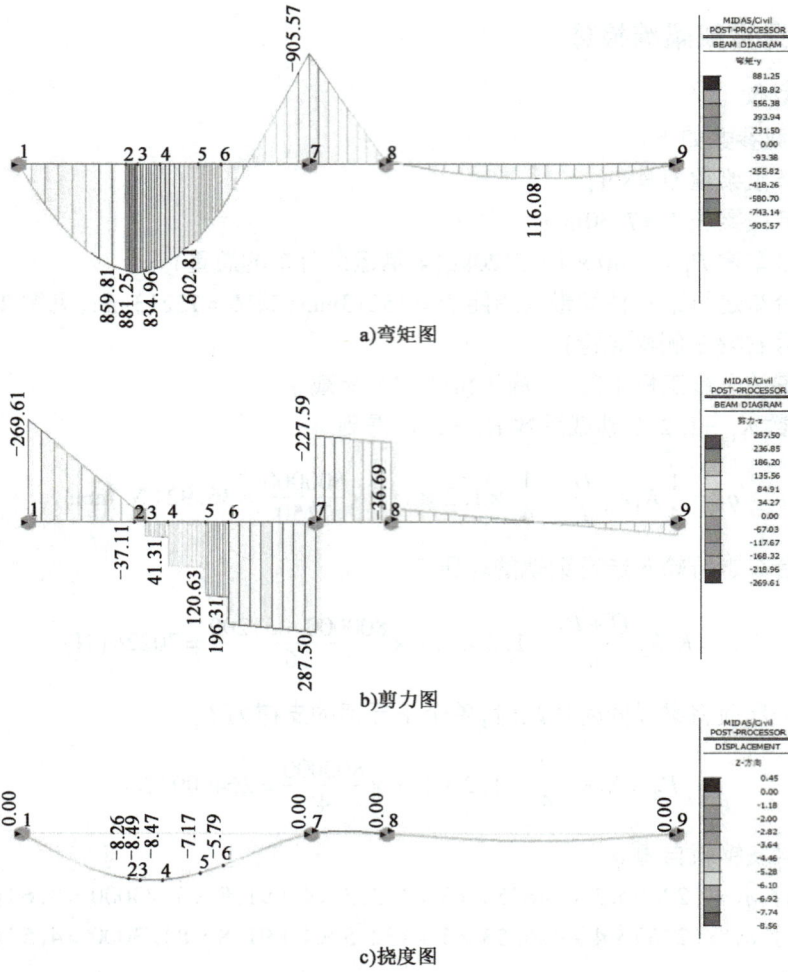

图 2-21　工况 1 检算

$$\sigma_{\max} = \frac{M_{\max}}{W} = \frac{905.57 \times 10^6}{13359851} = 67.78 \, (\mathrm{N/mm^2}) < [\sigma] = 273 \mathrm{N/mm^2}$$

$$\tau_{\max} = \frac{3}{2} \cdot \frac{Q_{\max}}{A} = \frac{1.5 \times 287.50 \times 10^3}{20384} = 21.16 \, (\mathrm{N/mm^2}) < [\tau] = 208 \mathrm{N/mm^2}$$

$$f_{\max} = 8.56 \mathrm{mm} < l/800 = 15213/800 = 19.01 \, (\mathrm{mm})$$

因此，工况 1 检算通过。

(2) 工况 2

第一跨上全放置安装梁段，如图 2-22 所示。得到的弯矩、剪力和挠度如图 2-23 所示。

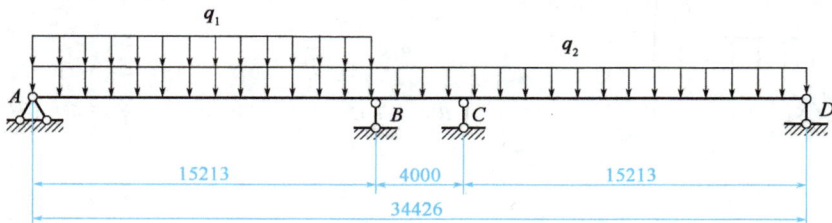

图 2-22　工况 2 计算简图(尺寸单位:mm)

a)弯矩图

b)剪力图

c)挠度图

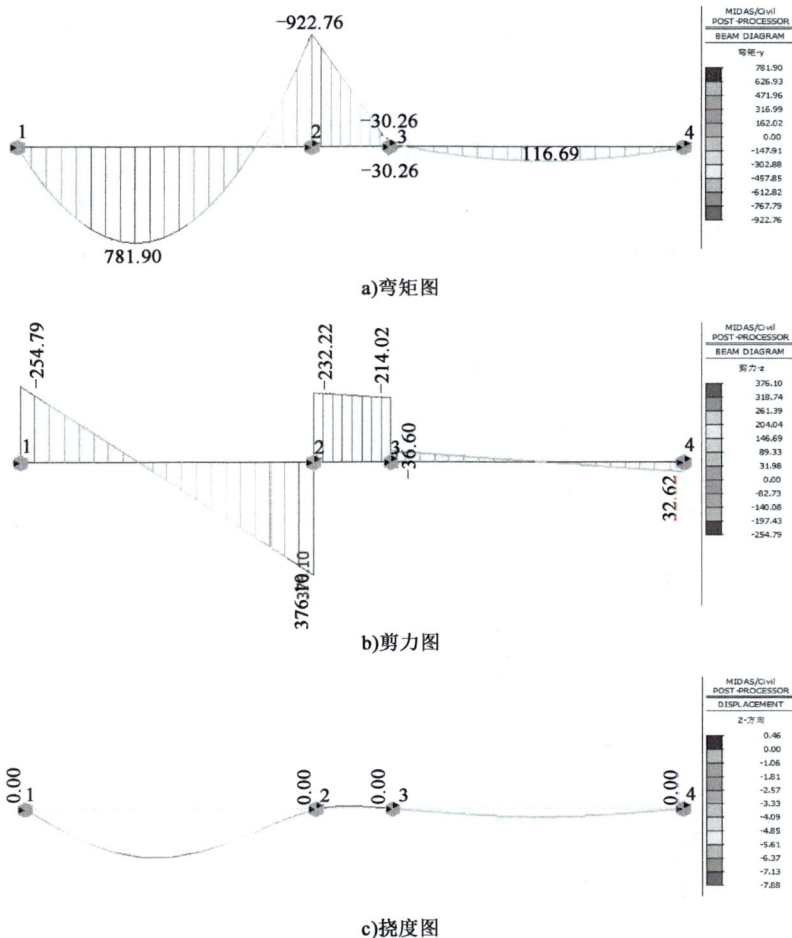

图 2-23　工况 2 检算

$$\sigma_{max} = \frac{M_{max}}{W} = \frac{922.76 \times 10^6}{13359851} = 69.07\,(N/mm^2) < [\sigma] = 273\,N/mm^2$$

$$\tau_{max} = \frac{3}{2} \cdot \frac{Q_{max}}{A} = \frac{1.5 \times 376.10 \times 10^3}{20384} = 27.68\,(N/mm^2) < [\tau] = 208\,N/mm^2$$

$$f_{max} = 7.88\,mm < l/800 = 15213/800 = 19.01\,(mm)$$

因此,工况 2 检算通过。

(3) 工况 3

一节段梁安放在走行梁上,另一节梁段在跨中用 4 个千斤顶顶起,千斤顶支承在四排贝雷架上,如图 2-24 所示。得到的弯矩、剪力和挠度如图 2-25 所示。

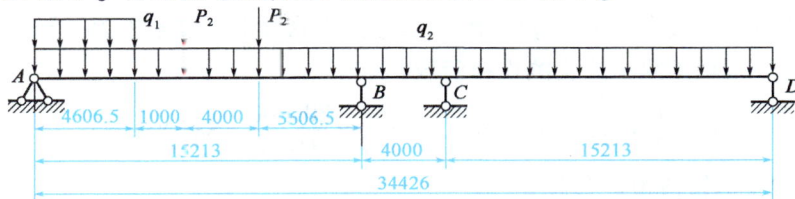

图 2-24　工况 3 计算简图(尺寸单位:mm)

a)弯矩图

b)剪力图

c)挠度图

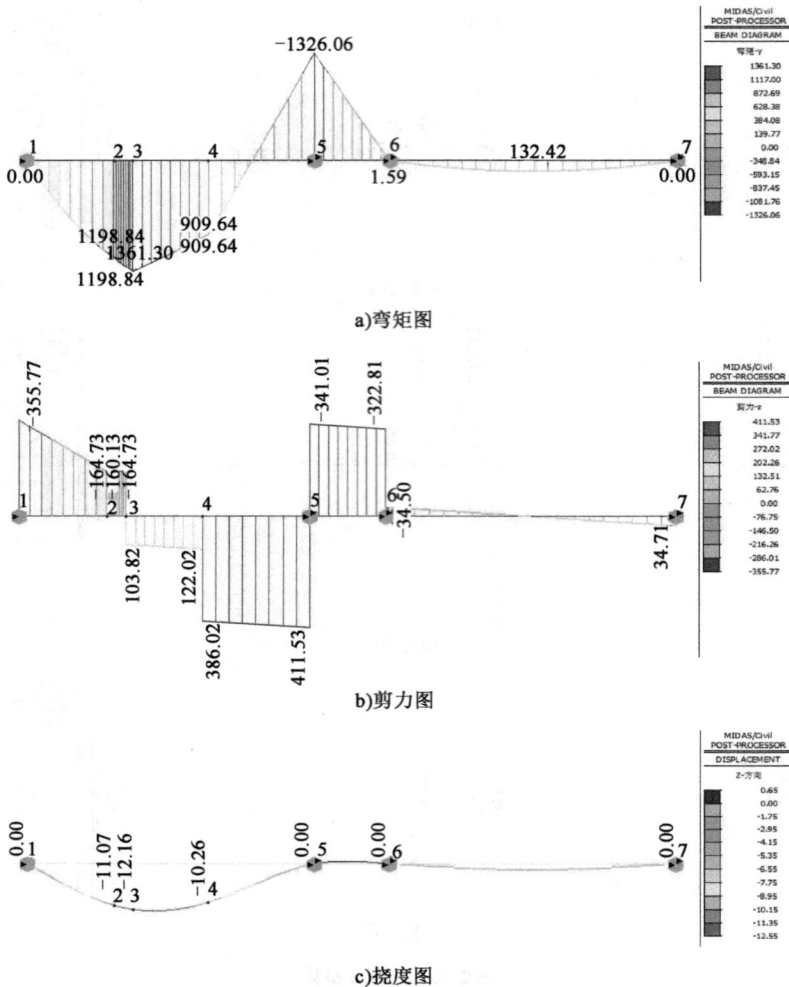

图 2-25　工况 3 检算

$$\sigma_{\max} = \frac{M_{\max}}{W} = \frac{1361.30 \times 10^6}{13359851} = 101.89\,(\text{N}/\text{mm}^2) < [\sigma] = 273\text{N}/\text{mm}^2$$

$$\tau_{\max} = \frac{3}{2} \cdot \frac{Q_{\max}}{A} = \frac{1.5 \times 411.53 \times 10^3}{20384} = 30.28\,(\text{N}/\text{mm}^2) < [\tau] = 208\text{N}/\text{mm}^2$$

$$f_{\max} = 12.55\text{mm} < l/800 = 15213/800 = 19.01\,(\text{mm})$$

因此，工况 3 检算通过。

1.3.5　钢管支墩检算

在 122 号与 123 号墩之间的检算梁跨全部放满节段梁段，如图 2-26 所示。安装梁段重 80t、长 6.0m，在一对桁架梁上产生的均布荷载：

$$q_1 = \frac{1}{2}K_1K_2\frac{Q}{L} = \frac{1}{2} \times 1.2 \times 1.1 \times \frac{800000}{6000} = 88\,(\text{N}/\text{mm})$$

一对桁架梁及钢轨自重均布荷载：

$$2q_2 = 2 \times 4.55 = 9.1\,(\text{N}/\text{mm})$$

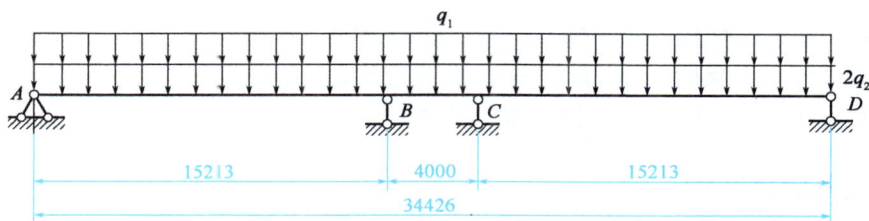

a)梁跨计算简图

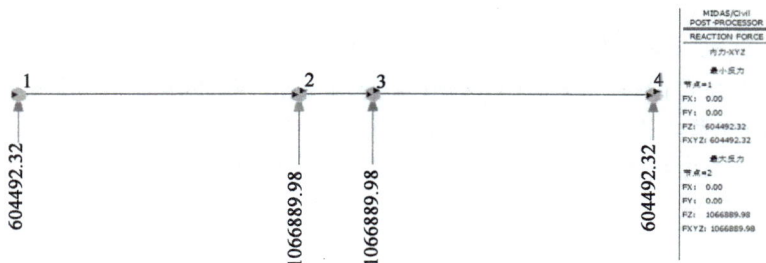

b)梁跨支座反力图

图2-26　钢管支墩检算(尺寸单位:mm)

$$R_B = R_C = 1066889.98 (\text{N})$$

$$2 \times 1066889.98 = 2133779.96$$

$$\frac{2133779.96}{4 \times 20221.6} = 26.38$$

贝雷架(不加强)为四排单层时,使用 MIDAS Civil 计算出的 B、C 处最大支座反力为:

$$R_B = R_C = 1066889.98 (\text{N})$$

4 根钢管为一组的钢管支墩(在 B、C 处)承受的总压力为:

$$2R_B = 2 \times 1066889.98 = 2133779.96 (\text{N})$$

钢管支墩的最大承压荷载:

$$[P] = 4 \times 20221.6 \times 160 = 12941824 (\text{N}) > 2R_B,承载力满足要求。$$

4 根钢管的截面惯性矩:

$$I_{\min} = 4 \times 1638174565 + 4 \times 20221.6 \times 1250^2 = 1.329376983 \times 10^{11} (\text{mm}^4)$$

$$i = \sqrt{\frac{I_{\min}}{A_s}} = \sqrt{\frac{1.329376983 \times 10^{11}}{4 \times 20221.6}} = 1282 (\text{mm})$$

偏于安全考虑,视钢管两端铰支,$\mu = 1$,故:

$$\lambda = \frac{\mu \cdot l}{i} = \frac{1 \times 30791.5}{1282} = 24,查附表5 得 \varphi = 0.957。$$

$$\frac{N}{A} = \frac{2R_B}{4A} = \frac{2133779.96}{4 \times 20221.6} = 26.38 (\text{MPa}) < \phi \cdot [\sigma] = 0.957 \times 160 = 153.12 (\text{MPa}),稳定性满足要求。$$

任务 2　盘扣式支架检算

2.1　工作任务

通过本任务的学习,能够进行以下内容的检算:

（1）盘扣式满堂支架横桥向分配梁的强度、刚度检算；

（2）盘扣式满堂支架纵桥向分配梁的强度、刚度检算；

（3）盘扣式满堂支架的强度、刚度及稳定性检算。

2.2 相关配套知识

2.2.1 承插型盘扣式钢管脚手架

承插型盘扣式钢管脚手架，即盘扣式支架，如图 2-27 所示。它是目前建筑施工的重点推广使用产品，广泛应用于铁路、公路、地铁、管廊、大型厂房、工业建筑、大型舞台及体育场馆等工程项目，已得到施工单位一致认可。由于其可满足超高、超重、大跨度结构的支撑作业，尤其是在高支模等危险性较大的模架支撑领域应用最为广泛。

图 2-27 承插型盘扣式钢管脚手架示意

承插型盘扣式钢管脚手架是继碗扣式钢管脚手架之后的升级换代产品。它曾有多种称谓，有称之为圆盘式钢管脚手架、菊花盘式钢管脚手架、插盘式钢管脚手架、轮盘式钢管脚手架、扣盘式钢管脚手架以及十字盘式钢管脚手架等。

承插型盘扣式钢管脚手架根据使用用途可分为以下两种脚手架：

支撑脚手架：支承于地面或结构上可承受各种荷载，具有安全防护功能，为建筑施工提供支撑和作业平台的承插型盘扣式钢管脚手架，包括混凝土施工用模板支撑脚手架和结构安装支撑架，简称支撑架。

作业脚手架：支承于地面、建筑物上或附着于工程结构上，为建筑施工提供作业平台与安全防护的承插型盘扣式钢管脚手架，简称作业架。

1）结构组成

承插型盘扣式钢管脚手架由盘扣节点、立杆、水平杆、斜杆、可调底座和可调托撑等组成，如图 2-28 所示。

盘扣节点是焊接于立杆上的连接盘与水平杆及斜杆杆端上的扣接头用插销组合的连接，如图 2-29 所示。立杆间采用外套管或内插管连接，水平杆和斜杆采用杆端扣接头卡入连接盘，用楔形插销连接。根据立杆外径大小，脚手架可分为标准型和重型，其中标准型（B 型）脚

手架的立杆钢管外径应为48.3mm,重型(Z型)脚手架的立杆钢管外径应为60.3mm。目前市场上60系列的盘扣脚手架一般采用内插管连接,48系列盘扣脚手架一般是外套管连接。

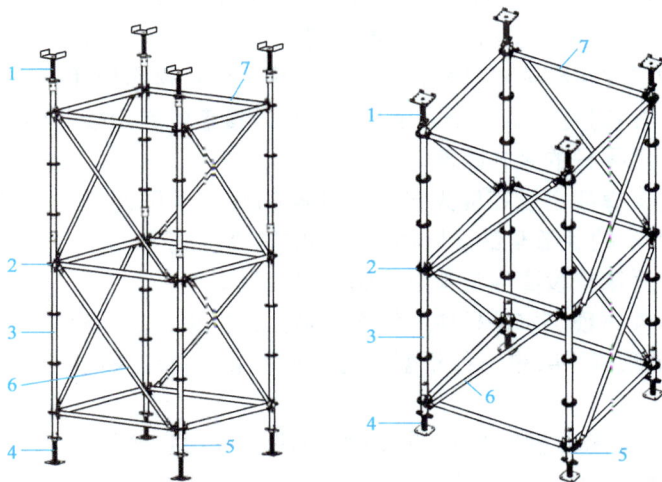

图2-28　承插型盘扣式钢管脚手架示意
1-可调托撑;2-盘扣节点;3-立杆;4-可调底座;5-基座;6-斜杆;7-水平杆

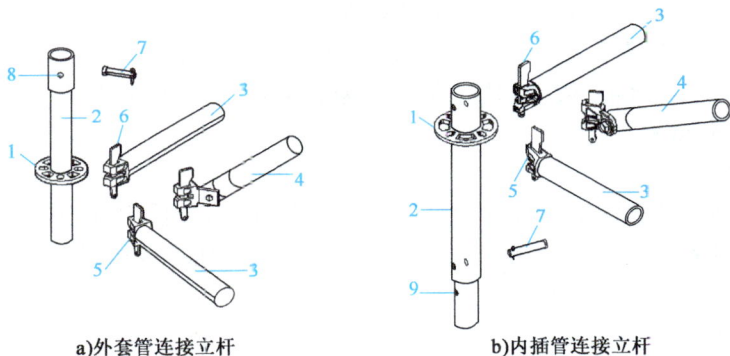

a)外套管连接立杆　　　　　　b)内插管连接立杆

图2-29　盘扣节点
1-连接盘;2-立杆;3-水平杆;4-斜杆;5-水平杆杆端扣接头;6-楔形插销;7-立杆连接件;8-套筒及销孔;9-内插管及销孔

为了有效保障盘扣节点的连接可靠性,防止水平杆和斜杆杆端扣接头的插销与连接盘在脚手架使用过程中滑脱,插销应设计为具有自锁功能的楔形,同时插销端头设计有弧形弯钩段确保插销不会滑脱。搭设脚手架时要求用不小于0.5kg锤子击紧插销,直至插销销紧。销紧后再次击打时,插销下沉量不得大于3mm。插销销紧后,扣接头端部弧面应与立杆外表面贴合。

《建筑施工承插型盘扣式钢管脚手架安全技术标准》(JGJ/T 231—2021)中对有关术语的解释如下:

(1)立杆:焊接有连接盘和连接套管的承插型盘扣式钢管脚手架的竖向杆件。

(2)水平杆:两端焊接有扣接头,可与立杆上的连接盘扣接的水平杆件。

(3)斜杆:两端装配有扣接头,可与立杆上的连接盘扣接的斜向杆件。

(4)基座:焊有连接盘和连接套管,底部插入可调底座,顶部可插接立杆的竖向杆件。

(5)可调底座:插入立杆底端可调节高度的底座。

（6）可调托撑：插入立杆顶端可调节高度的托撑。

（7）连接盘：焊接于立杆上可扣接8个方向扣接头的八边形或圆环形八孔板。

（8）连接套管：固定于立杆一端，用于立杆竖向接长的外套管或内插管。

（9）立杆连接件：将立杆与立杆连接套管固定、防拔脱的专用零件。

（10）扣接头：位于水平杆或斜杆杆件端头与立杆上的连接盘快速扣接的零件。

（11）插销：装配在扣接头内，用于固定扣接头与连接盘的专用楔形零件。

（12）步距：相邻水平杆的竖向距离。

（13）搭设高度：支撑架搭设高度为自可调底座的底部至可调托撑上端的总高度；作业架搭设高度为自可调底座的底部至最顶层横杆中心的总高度。

（14）高宽比：脚手架搭设高度与架体窄边宽度之比。

（15）悬臂长度：架体顶层水平杆中心线至可调托撑托板面的距离。

承插型盘扣式钢管脚手架是一种新型多功能脚手架，其特点如下：

（1）安全稳固

立杆采用了低合金高强度结构钢，承载能力高。考虑安全系数，单肢设计承载力可达40kN以上。设计采用自锁式连接盘和销子，横向和竖向斜杆使每个单元都成为固定的三角形格构式结构，稳定性好。脚手架整体结构紧密、牢固，能够承受较大的荷载和风力。

（2）易装易拆

采用了卡口式扣接方式，没有螺栓、螺母等紧固件。插销是活动的，但不能脱出杆件。没有零散配件，易管理，不易丢失，便于其他工地借用和移动。安装简单，一把锤子即可完成安装，节省工期带来的综合经济效益明显；拆卸时，敲击即可，无需其他工具。能够大大缩短建筑施工周期，提高工作效率。

（3）适应性强

不仅适用于高层建筑施工，也适用于其他各种建筑施工，如桥梁、隧道、水利等工程。使用起来不需要专业的安装技术，工人们通过短期的培训后就能够非常容易地操作，即使没有相关经验的施工人员也易于上手操作。

（4）形象美观

杆件热镀锌防腐处理，银色外观，搭设出的脚手架工程非常美观；杆件加工精度较传统脚手架高，搭设效果横平竖直，安全美观；架体杆件都是由包装架存储，打包。搭拆储运，现场整洁美观。

2）主要构配件参数

钢管的截面特性按表2-11取值。钢材的强度和弹性模量按表2-12取值。

钢管的截面特性　　表2-11

外径 ϕ （mm）	壁厚 t （mm）	截面积 A （mm^2）	截面惯性矩 I （mm^4）	截面模量 W （mm^3）	回转半径 i （mm）
60.3	3.2	574	234682	7784	20.2
48.3	3.2	453	115857	4797	16.0
48.3	2.5	360	94599	3917	16.2
42	2.5	310	60747	2893	14.0
38	2.5	279	14140	2323	12.6

钢材的强度和弹性模量（N/mm²）   表2-12

项目	取值
Q355 钢材抗拉、抗压、抗弯强度设计值	300
Q235 钢材抗拉、抗压、抗弯强度设计值	205
Q195 钢材抗拉、抗压、抗弯强度设计值	175
弹性模量	2.06×10^5

3）结构荷载与计算

（1）荷载分类

作用于脚手架上的荷载可分为永久荷载和可变荷载。

支撑架永久荷载应包括下列内容：

①支撑架的架体自重 G_1，包括立杆、水平杆、斜杆、可调底座、可调托撑、双槽托梁等构配件自重；

②作用到支撑架上荷载 G_2，包括模板及小楞等构件自重；

③作用到支撑架上荷载 G_3，包括钢筋和混凝土自重及钢构件和预制混凝土等构件自重。

支撑架可变荷载应包括下列内容：

①施工荷载 Q_1，包括作用在支撑架结构顶部模板面上的施工作业人员、施工设备、超过浇筑构件厚度的混凝土料堆放荷载；

②附加水平荷载 Q_2，包括作用在支撑架结构顶部的泵送混凝土、倾倒混凝土等因素产生的水平荷载；

③风荷载 Q_3。

（2）荷载标准值

支撑架永久荷载标准值取值应符合下列规定：

①架体自重 G_1 标准值可按实际重量取值；模板自重 G_2 标准值应根据混凝土结构模板设计图纸确定。肋形楼板及无梁楼板的模板自重标准值可按表2-13的规定确定。

楼板模板自重标准值（kN/m²）   表2-13

模板构件	模板类型		
	木模板	定型钢模板	铝合金模板
平板的模板及小楞	0.30	0.50	0.25
楼板模板（包括梁模板）	0.50	0.75	0.30

②普通梁钢筋混凝土自重 G_3 标准值可采用 25.5kN/m³，普通板钢筋混凝土自重 G_3 标准值可采用 25.1kN/m³，特殊钢筋混凝土结构应根据实际情况确定。

支撑架可变荷载标准值取值应符合下列规定：

①作用在支撑架上的施工人员及设备荷载 Q_1 标准值可按实际计算，但不应小于 2.5kN/m²；

②泵送混凝土、倾倒混凝土等因素产生的附加水平荷载 Q_2 标准值可取计算工况下的竖向永久荷载标准值的 2%，并应作用在支撑架上端最不利位置；

③作用在支撑架上的风荷载 Q_3 标准值应按下式计算：

$$w_k = \mu_z \mu_s w_0 \qquad (2-1)$$

式中：w_k——风荷载标准值（kN/m²）；

μ_z——风压高度变化系数,按《建筑施工承插型盘扣式钢管脚手架安全技术标准》(JGJ/T 231—2021)附录 A 确定;

μ_s——脚手架风荷载体型系数,按《建筑施工承插型盘扣式钢管脚手架安全技术标准》(JGJ/T 231—2021)第 4.2.4 条采用;

w_0——基本风压值(kN/m²),按现行国家标准《建筑结构荷载规范》(GB 50009—2012)规定采用,取重现期 $n=10$ 对应的风压值,不得小于 0.3kN/m²。

脚手架风荷载体型系数应符合表 2-14 的规定。

脚手架风荷载体型系数　　　　　表 2-14

靠建筑物状况		全封闭墙	敞开、框架和开洞墙
脚手架状况	全封闭、半封闭	1.0φ	1.3φ
	敞开	μ_{stw}	

注:1. μ_{stw} 值可将支撑架及脚手架视为桁架,按现行国家标准《建筑结构荷载规范》(GB 50009—2012)规定计算。
　　2. φ 为挡风系数,φ = 1.2A_n/A_w,其中 A_n 为挡风面积;A_w 为迎风面积。
　　3. 全封闭:沿支撑结构外侧全高全长用密目网封闭。
　　4. 半封闭:沿支撑结构外侧全高全长用密目网封闭30%~70%。
　　5. 敞开:沿支撑结构外侧全高全长无密目网封闭。

（3）荷载分项系数

计算脚手架的架体构件的强度、稳定性和节点连接强度时,荷载设计值应采用荷载标准值乘以荷载分项系数。脚手架荷载分项系数取值应符合表 2-15 的规定。

脚手架荷载分项系数　　　　　表 2-15

验算项目		荷载分项系数	
		永久荷载分项系数 γ_G	可变荷载分项系数 γ_Q
强度、稳定性		1.3	1.5
地基承载力		1.0	1.0
挠度		1.0	1.0
倾覆	有利	0.9	0
	不利	1.3	1.5

（4）荷载效应组合

脚手架设计应根据正常搭设和使用过程中可能出现的荷载情况,按承载能力极限状态和正常使用极限状态分别进行荷载组合,并应取各自最不利的荷载组合进行设计。

对承载能力极限状态,应采用荷载效应基本组合;对正常使用极限状态,应采用荷载效应标准组合。

脚手架承载力应按临时工况设计进行计算,并应符合下式要求:

$$\gamma_0 S \leqslant R/\gamma_R \tag{2-2}$$

式中:γ_0——脚手架结构重要性系数,安全等级为 Ⅰ 级时,取 1.1;安全等级为 Ⅱ 级时,取 1.0;

S——脚手架按荷载基本组合计算的效应设计值;

R——脚手架抗力的设计值;

γ_R——承载力设计值调整系数,根据脚手架重复使用情况取值,不小于 1.0。

脚手架设计应根据使用过程中可能出现的荷载取其最不利荷载效应组合进行计算,荷载效应组合宜按表 2-16 采用。

荷载效应组合   表 2-16

计算项目	荷载效应组合	
	支撑架	作业架
立杆稳定	$G_1 + G_2 + G_3 + Q_1 + Q_3$	$G_4 + G_5 + G_6 + G_7 + Q_3 + Q_4$
支架抗倾覆稳定	$G_1 + G_2 + G_3 + Q_1 + Q_2$ $G_1 + G_2 + G_3 + Q_1 + Q_3$	—
水平杆承载力与变形	$G_1 + G_2 + G_3 + Q_1$	$G_4 + G_5 + G_6 + G_7 + Q_4$
连墙件承载力	—	$Q_3 + 3.0\text{kN}$

注：表中的"+"仅表示各项荷载参与组合,而不表示代数相加。

（5）结构设计要求

脚手架的结构设计采用概率极限状态设计法,采用分项系数的设计表达式。支撑架设计计算应包括下列内容：

①立杆的稳定性计算；

②独立支撑架超出规定高宽比时的抗倾覆验算；

③纵横向水平杆承载力计算；

④当通过立杆连接盘传力时的连接盘受剪承载力验算；

⑤立杆地基承载力计算。

当杆件变形量有控制要求时,应按正常使用极限状态验算其变形量。受弯构件的挠度不应超过表 2-17 规定的容许值。

受弯构件的容许挠度   表 2-17

构件类别	容许挠度 $[\nu]$
受弯构件	$l/150$ 与 10mm 中较小值

注：l 为受弯构件跨度。

支撑架立杆几何长细比不得大于 150,作业架立杆几何长细比不得大于 210；其他杆件中的受压杆件几何长细比不得大于 230,受拉杆件几何长细比不得大于 350。

当立杆不考虑风荷载时,应按承受轴向荷载杆件计算；当考虑风荷载时,应按压弯杆件计算。

脚手架搭设步距不应超过 2m,脚手架的竖向斜杆不应采用钢管扣件。当标准型（B 型）立杆荷载设计值大于 40kN,或重型（Z 型）立杆荷载设计值大于 65kN 时,脚手架顶层步距应比标准步距缩小 0.5m。

支撑架的高宽比宜控制在 3 以内,高宽比大于 3 的支撑架应采取与既有结构进行刚性连接等抗倾覆措施。

支撑架可调托撑伸出顶层水平杆或双槽托梁中心线的悬臂长度不应超过 650mm,且丝杆外露长度不应超过 400mm,可调托撑插入立杆或双槽托梁长度不得小于 150mm,如图 2-30 所示。

支撑架可调底座丝杆插入立杆长度不得小于 150mm,丝杆外露长度不宜大于 300mm,作为扫地杆的最底层水平杆中心线距离可调底座的底板不应大于 550mm。

当支撑架搭设高度超过 8m、周围有既有建筑结构时,应沿高度每间隔 4~6 个步距与周围已建成的结构进行可靠拉结。

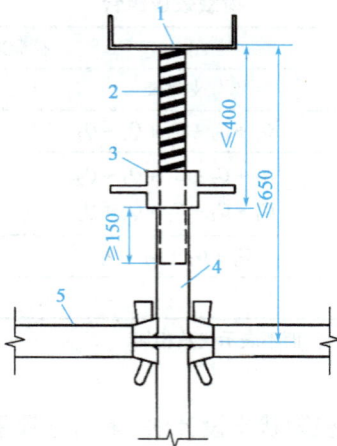

图 2-30　可调托撑伸出顶层水平杆的悬臂长度(尺寸单位:mm)
1-可调托撑;2 -螺杆;3-调节螺母;4-立杆;5-水平杆

支撑架应沿高度每间隔 4～6 个标准步距设置水平剪刀撑,并应符合现行行业标准《建筑施工扣件式钢管脚手架安全技术规范》(JGJ 130—2011)中钢管水平剪刀撑的有关规定。

(6)支撑架计算

承插型盘扣式钢管脚手架结构本质上是一种半刚性空间框架钢结构,水平杆与立杆之间是介于"铰接"与"刚接"之间的一种连接形式。采用承插型盘扣式钢管脚手架作为支撑架,一般要保证脚手架的立杆为轴心受压杆件。失稳坍塌破坏是支撑架的主要破坏形式,采用单立杆稳定性验算的形式来验算支撑脚手架的整体稳定性。

①立杆轴向力设计值应按下列公式计算:

不组合风荷载时:

$$N = \gamma_G \sum N_{GK} + \gamma_Q \sum N_{QK} \tag{2-3}$$

组合风荷载时:

$$N = \gamma_G \sum N_{GK} + 0.9 \times \gamma_Q \sum N_{QK} \tag{2-4}$$

式中:γ_G——永久荷载分项系数;

γ_Q——可变荷载分项系数;

N——立杆轴向力设计值(kN);

$\sum N_{GK}$——永久荷载标准值产生的立杆轴向力总和(kN);

$\sum N_{QK}$——可变荷载标准值产生的立杆轴向力总和(kN)。

②立杆计算长度应按下列公式计算,并应取其中的较大值:

$$l_0 = \beta_H \eta h \tag{2-5}$$

$$l_0 = \beta_H \gamma h' + 2ka \tag{2-6}$$

式中:l_0——支架立杆计算长度(m);

a——可调托撑支撑点至顶层水平杆中心线的距离(m),满堂作业架取 0;

h——架体步距(m),取最大值;

h'——架体顶层步距(m);

η——立杆计算长度修正系数，$h = 0.5$m 或 1.0m 时，取值 1.5；$h = 1.5$m 时，取值 1.05；

γ——架体顶层步距修正系数，$h' = 1.0$m 或 1.5m 时，取值 0.9；$h' = 0.5$m 时，取值 1.5；

β_H——支撑架搭设高度调整系数，按表 2-18 采用；

k——支撑架悬臂端计算长度折减系数，取值 0.6。

支撑架搭设高度调整系数 表 2-18

搭设高度 H(m)	$H \leqslant 8$	$8 < H \leqslant 16$	$16 < H \leqslant 24$	$H > 24$
β_H	1.00	1.05	1.10	1.20

③立杆稳定性应按下列公式计算：

不组合风荷载时：

$$\frac{N}{\varphi A} \leqslant f \qquad (2\text{-}7)$$

组合风荷载时：

$$\frac{N}{\varphi A} + \frac{M_w}{W} \leqslant f \qquad (2\text{-}8)$$

式中：M_w——立杆段由风荷载设计值产生的弯矩(kN·m)，按式(2-9)计算；

$$M_w = 0.9 \times 1.5 M_{wk} = 0.9 \times 1.5 w_k l_a h^2 / 10 \qquad (2\text{-}9)$$

M_{wk}——立杆段由风荷载标准值产生的弯矩(kN·m)；

l_a——立杆纵距(m)；

f——钢材的抗拉、抗压和抗弯强度设计值(N/mm²)，按表 2-12 采用；

φ——轴心受压构件稳定系数，根据立杆长细比 $\lambda = l_0 / i$，按本书附表 8-1、附表 8-2 取值；

W——立杆的截面模量(mm³)，按表 2-11 采用；

A——立杆的横截面面积(mm²)，按表 2-11 采用。

④支撑架应按混凝土浇筑前和混凝土浇筑时两种工况进行整体抗倾覆计算，整体抗倾覆稳定性应按下式计算：

$$M_R \geqslant \gamma_0 M_T \qquad (2\text{-}10)$$

式中：M_R——设计荷载下脚手架抗倾覆力矩(kN·m)；

M_T——设计荷载下脚手架倾覆力矩(kN·m)；

γ_0——脚手架结构重要性系数。

(7)地基承载力计算

可调底座底部地基承载力应满足下列公式要求：

$$P_k = \frac{N_k}{A_g} \leqslant f_a \qquad (2\text{-}11)$$

式中：P_k——相应于荷载效应标准组合时，立杆基础底面处的平均压力(kPa)；

N_k——立杆传至基础顶面的轴向力标准组合值(kN)；

A_g——可调底座底板对应的基础底面面积(m²)；

f_a——地基承载力特征值(kPa)，按国家标准《建筑地基基础设计规范》(GB 50007—2011)的规定确定。

2.2.2　扣件式钢管脚手架

脚手架是指施工现场为工人操作并解决垂直和水平运输而搭设的各种支架,建筑术语是指建筑工地上用在外墙、内部装修或层高较高无法直接施工地方的临时结构架。另外在广告业、市政、交通路桥、矿山等部门也被广泛使用。

我国在 1949 年以前和 20 世纪 50 年代初期,施工脚手架都采用竹或木材搭设的方法;自60 年代起推广扣件式钢管脚手架;80 年代起,中国在发展先进的、具有多功能的脚手架系列方面的成就显著,如门式脚手架系列、碗扣式钢管脚手架系列,年产已达到上万吨的规模,并已有一定数量的出口。

20 世纪 90 年代,扣件式钢管脚手架和门式脚手架仍然是主流,尤其是在高层建筑和大型公共建筑工程中得到了广泛应用。与此同时,铝合金脚手架逐渐在市场中占据一席之地。

进入 21 世纪,随着建筑行业对安全性、环保性和施工效率要求的不断提高,脚手架技术迎来了更为多样化的发展。尤其是 2000 年以后,脚手架的技术逐渐向快速拆卸、自动化和智能化发展,例如快拆式脚手架、爬升式脚手架与智能化脚手架。

随着建筑施工对高效性和精准度的要求不断提升,脚手架设计越来越注重模块化和标准化设计,这样既能提高施工效率,又能降低材料浪费。这种设计使得脚手架在不同项目中具有更高的适应性和灵活性。随着技术的持续创新,我国的脚手架产品不仅在国内市场占有一席之地,还逐渐进入国际市场,特别是在一些新兴市场和发达国家的建筑项目中得到了应用。

脚手架按用途划分为操作脚手架(结构及装饰)、防护用脚手架及承重、支撑用脚手架;按脚手架的材质及规格划分为木脚手架、竹脚手架、钢管脚手架(扣件式和碗扣式)、门式组合脚手架;按脚手架的支固方式划分为落地式脚手架、悬挑脚手架、附墙悬挂脚手架、悬吊脚手架、附着升降脚手架。

《建筑施工扣件式钢管脚手架安全技术规范》(JGJ 130—2011)(以下简称《扣件式规范》)中的有关术语解释如下:

(1)扣件式钢管脚手架(图 2-31):为建筑施工而搭设的、承受荷载的由扣件和钢管等构成的脚手架与支撑架,包含本规范各类脚手架与支撑架,统称脚手架。

(2)脚手架高度:自立杆底座下皮至架顶栏杆上皮之间的垂直距离。

(3)脚手架长度:脚手架纵向两端立杆外皮间的水平距离。

(4)脚手架宽度:脚手架横向两端立杆外皮之间的水平距离,单排脚手架为外立杆外皮至墙面的距离。

(5)支撑架:为钢结构安装或浇筑混凝土构件等搭设的承力支架。

(6)满堂扣件式钢管脚手架:在纵、横方向,由不少于三排立杆并与水平杆、水平剪刀撑、竖向剪刀撑、扣件等构成的脚手架。该架体顶部作业层施工荷载通过水平杆传递给立杆,顶部立杆呈偏心受压状态,简称满堂脚手架。

(7)满堂扣件式钢管支撑架:在纵、横方向,由不少于三排立杆并与水平杆、水平剪刀撑、竖向剪刀撑、扣件等构成的承力支架。该架体顶部的钢结构安装等(同类工程)施工荷载通过可调托撑轴心传力给立杆,顶部立杆呈轴心受压状态,简称满堂支撑架。

(8)单排扣件式钢管脚手架:只有一排立杆,横向水平杆的一端搁置固定在墙体上的脚手架,简称单排架。

(9)双排扣件式钢管脚手架:由内外两排立杆和水平杆等构成的脚手架,简称双排架。

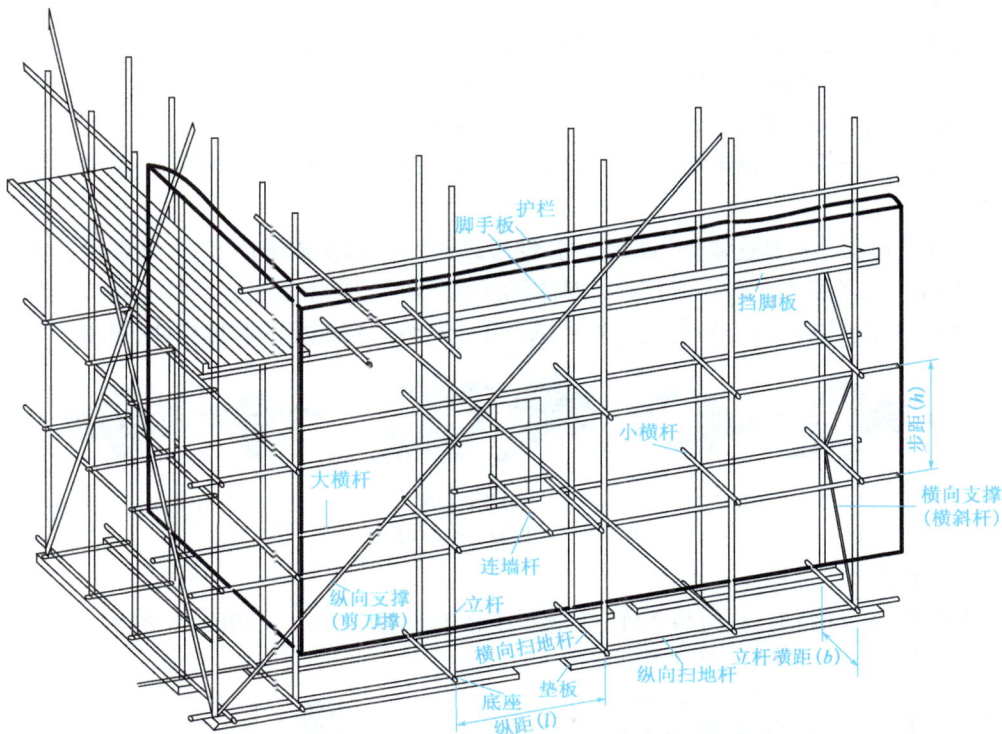

图 2-31 扣件式钢管脚手架示意图

（10）开口型脚手架：沿建筑周边非交圈设置的脚手架为开口型脚手架，其中呈直线型的脚手架为一字型脚手架。

（11）封圈型脚手架：沿建筑周边交圈设置的脚手架。

（12）防滑扣件：构配件根据抗滑要求增设的非连接用途扣件。

（13）可调托撑：插入立杆钢管顶部，可调节高度的顶撑。

（14）连墙件：将脚手架架体与建筑主体结构连接，能够传递拉力和压力的构件。

（15）连墙件间距：脚手架相邻连墙件之间的距离，包括连墙件竖距、连墙件横距。

（16）可调底座：可调节高度的底座。

（17）底座：设于立杆底部的垫座，包括固定底座、可调底座。

1）结构组成

（1）钢管

钢管又称作架子管。脚手架钢管应采用 Q235 普通钢管，规格 $\phi 48.3 \times 3.6$。每根钢管的最大质量不应大于 25.8kg。根据其所在位置和作用不同，可分为立杆、水平杆、扫地杆等。

①有关钢管名称：

水平杆：脚手架中的水平杆件。沿脚手架纵向设置的水平杆为纵向水平杆，沿脚手架横向设置的水平杆为横向水平杆。

扫地杆：贴近楼地面设置，连接立杆根部的纵、横向水平杆件，包括纵向扫地杆、横向扫地杆。

横向斜撑：与双排脚手架内、外立杆或水平杆斜交呈之字形的斜杆。

剪刀撑：在脚手架竖向或水平向成对设置的交叉斜杆。

抛撑：用于脚手架侧面支撑，与脚手架外侧面斜交的杆件。

②有关节点及距离名称:

主节点:立杆、纵向水平杆、横向水平杆三杆紧靠的扣接点。

步距:上下水平杆轴线间的距离。

立杆纵(跨)距:脚手架纵向相邻立杆之间的轴线距离。

立杆横距:脚手架横向相邻立杆之间的轴线距离,单排脚手架为外立杆轴线至墙面的距离。

(2)扣件

采用螺栓紧固的扣接连接件为扣件。扣件应采用可锻铸铁或铸钢制作,在螺栓拧紧扭力矩达到65N·m时,不得发生破坏。扣件的基本形式有三种,即用于垂直交叉杆件间连接的直角扣件,用于平行或斜交杆件间连接的旋转扣件以及用于杆件对接连接的对接扣件,如图2-32所示。

a)直角扣件　　　　　　　b)旋转扣件　　　　　　　c)对接扣件

图2-32　扣件的三种基本形式

(3)脚手板

脚手板可采用钢、木、竹材料制作,单块脚手板的质量不宜大于30kg,如图2-33所示,依次为冲压钢脚手板、木脚手板、竹脚手板。

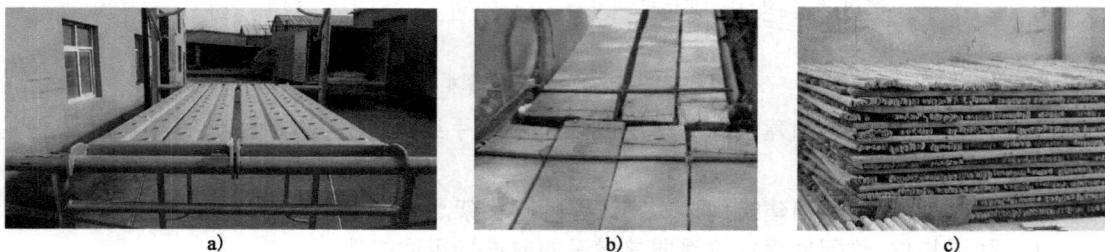

a)　　　　　　　　　　　b)　　　　　　　　　　　c)

图2-33　三种扣件式钢管脚手架脚手板

(4)可调托撑

可调托撑为插入立杆钢管顶部,可调节高度的顶撑。可调托撑螺杆外径不得小于36mm,可调托撑抗压承载力设计值不应小于40kN,支托板厚不应小于5mm。底座是指设于立杆底部的垫座,包括固定底座、可调底座,如图2-34所示。

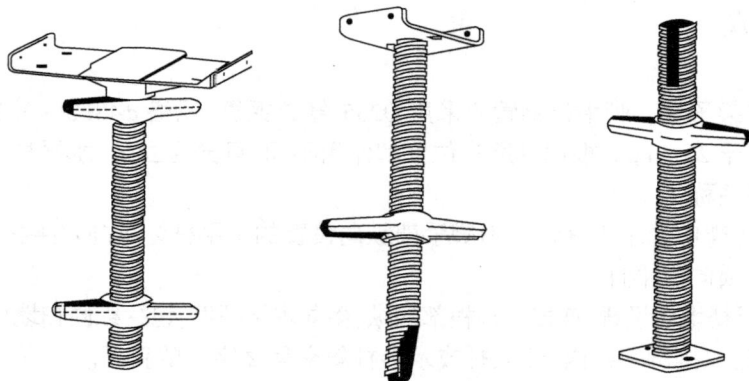

图2-34　可调托撑与可调底座

2）主要构配件参数

钢管截面几何特性，见表2-19。

钢管截面几何特性　　　　　　　　　　　　　　　表2-19

外径 ϕ （mm）	壁厚 t （mm）	截面积 A （cm²）	截面惯性矩 I （cm⁴）	截面模量 W （cm³）	回转半径 i （cm）	延米质量 （kg/m）
48.3	3.6	5.06	12.71	5.26	1.59	3.97

钢材的强度设计值与弹性模量应按表2-20规定采用。

钢材的强度设计值和弹性模量（N/mm²）　　　　　表2-20

指标	取值
Q235钢材抗拉、抗压和抗弯强度设计值 f	205
弹性模量 E	2.06×10^5

3）结构荷载与计算

（1）荷载分类

①作用于脚手架的荷载可分为永久荷载（恒荷载）与可变荷载（活荷载）。

②脚手架永久荷载应包含下列内容：

a. 单排架、双排架与满堂脚手架：架体结构自重（包括立杆、纵向水平杆、横向水平杆、剪刀撑、扣件等的自重）；构、配件自重（包括脚手板、栏杆、挡脚板、安全网等防护设施的自重）。

b. 满堂支撑架：架体结构自重（包括立杆、纵向水平杆、横向水平杆、剪刀撑、可调托撑、扣件等的自重）；构、配件及可调托撑上主梁、次梁、支撑板等的自重。

③脚手架可变荷载应包含下列内容：

a. 单排架、双排架与满堂脚手架：施工荷载（包括作业层上的人员、器具和材料等的自重）；风荷载。

b. 满堂支撑架：作业层上的人员、设备等的自重；结构构件、施工材料等的自重；风荷载。

④用于混凝土结构施工的支撑架上的永久荷载与可变荷载，应符合行业标准《建筑施工模板安全技术规范》（JGJ 162—2008）的规定。

（2）荷载标准值

①永久荷载标准值的种类：

a. 单、双排脚手架立杆承受的每米结构自重标准值。

b. 满堂脚手架立杆承受的每米结构自重标准值。

c. 满堂支撑架立杆承受的每米结构自重标准值。

d. 冲压钢脚手板、木脚手板、竹串片脚手板与竹芭脚手板自重标准值。

e. 栏杆与挡脚板自重标准值。

f. 脚手架上吊挂的安全设施（安全网）的自重标准值。

g. 支撑架上可调托撑上主梁、次梁、支撑板等的实际自重标准值。

②作用于脚手架上的水平风荷载标准值，按下式计算：

$$w_k = \mu_z \mu_s w_0 \tag{2-12}$$

式中：w_k——风荷载标准值（kN/m²）；

μ_z——风压高度变化系数，应按国家标准《建筑结构荷载规范》（GB 50009—2012）规定采用；

μ_s——脚手架风荷载体型系数，应按《建筑施工扣件式钢管脚手架安全技术规范》（JGJ 130—2011）表4-2-6的规定采用；

w_0——基本风压值（kN/m^2），应按国家标准《建筑结构荷载规范》（GB 50009—2012）的规定采用，取重现期 $n=10$ 对应的风压值。

（3）荷载效应组合

设计脚手架的承重构件时，应根据使用过程中可能出现的荷载取其最不利组合进行计算，见表2-21。

荷载效应组合　　　　　　　　　　　　　　　　　　　　　　表2-21

计算项目	荷载效应组合
纵向、横向水平杆强度与变形	永久荷载＋施工荷载
脚手架立杆地基承载力，型钢悬挑梁的强度、稳定与变形	①永久荷载＋施工荷载
	②永久荷载＋0.9（施工荷载＋风荷载）
立杆稳定	①永久荷载＋可变荷载（不含风荷载）
	②永久荷载＋0.9（可变荷载＋风荷载）
连墙件承载力与稳定	单排架，风荷载＋2.0kN； 双排架，风荷载＋3.0kN

（4）结构计算基本规定

①脚手架的承载能力应按概率极限状态设计法的要求，采用分项系数设计表达式进行设计，可只进行下列设计计算。

a. 纵向、横向水平杆等受弯构件的强度和连接扣件的抗滑承载力计算；

b. 立杆的稳定性计算；

c. 连墙件的强度、稳定性和连接强度的计算；

d. 立杆地基承载力计算。

②计算构件的强度、稳定性与连接强度时，应采用荷载效应基本组合的设计值。永久荷载分项系数应取1.2，可变荷载分项系数应取1.4。

③脚手架中的受弯构件，尚应根据正常使用极限状态的要求验算变形。验算构件变形时，应采用荷载效应的标准组合的设计值，各类荷载分项系数均应取1.0。

④钢材的强度设计值与弹性模量按表2-20采用。

⑤扣件、底座、可调托撑的承载力设计值应按表2-22采用。

扣件、底座、可调托撑的承载力设计值（kN）　　　　　　　　　　表2-22

项目	承载力设计值
对接扣件（抗滑）	3.20
直角扣件、旋转扣件（抗滑）	8.00
底座（受压）、可调托撑（受压）	40.00

⑥受弯构件的挠度不应超过表2-23中规定的容许值。

受弯构件的容许挠度   表 2-23

构件类别	容许挠度[ν]
脚手板、脚手架纵向、横向水平杆	$l/150$ 与 10mm 中较小值
脚手架悬挑受弯杆件	$l/400$
型钢悬挑、脚手架悬挑钢梁	$l/250$

注:l 为受弯构件的跨度,对悬挑杆件为其悬伸长度的 2 倍。

⑦受压、受拉构件的长细比不应超过表 2-24 中规定的容许值。

受压、受拉构件的容许长细比   表 2-24

构件类别		容许长细比[λ]
立杆	双排架、满堂支撑架	210
	单排架	230
	满堂脚手架	250
横向斜撑、剪刀撑中的压杆		250
拉杆		350

(5)满堂脚手架计算

①立杆的稳定性应按《扣件式规范》式(5.2.6-1)、式(5.2.6-2)计算。由风荷载产生的立杆段弯矩设计值 M_w,可按《扣件式规范》式(5.2.9)计算。

②立杆段的轴向力设计值 N,应按《扣件式规范》式(5.2.7-1)、式(5.2.7-2)计算。施工荷载产生的轴向力标准值总和 $\sum Q_k$,可按所选取计算部位立杆负荷面积计算。

③立杆稳定性计算部位的确定应符合下列规定:

a. 当满堂脚手架采用相同的步距、立杆纵距、立杆横距时,应计算底层立杆段;

b. 当架体的步距、立杆纵距、立杆横距有变化时,除计算底层立杆段外,还必须对出现最大步距、最大立杆纵距、最大立杆横距等部位的立杆段进行验算;

c. 当架体上有集中荷载作用时,尚应计算集中荷载作用范围内受力最大的立杆段。

④满堂脚手架立杆的计算长度应按下式计算:

$$l_0 = k\mu h \tag{2-13}$$

式中:k——满堂脚手架立杆计算长度附加系数,应按表 2-25 采用;

h——步距(m);

μ——考虑满堂脚手架整体稳定因素的单杆计算长度系数,应按《扣件式规范》附录 C 表 C-1 采用。

满堂脚手架立杆计算长度附加系数   表 2-25

搭设高度 H(m)	$H \leq 20$	$20 < H \leq 30$	$30 < H \leq 36$
k	1.155	1.191	1.204

注:当验算立杆允许长细比时,取 $k=1$。

(6)脚手架地基承载力计算

①立杆基础底面的平均压力标准值应满足下式要求:

$$p_k = \frac{N_k}{A} \leq f_g \tag{2-14}$$

式中：p_k——立杆基础底面处的平均压力标准值（kPa）；

$\qquad N_k$——上部结构传至立杆基础顶面的轴向力标准值（kN）；

$\qquad A$——基础底面面积（m^2）；

$\qquad f_g$——地基承载力特征值（kPa），应按《建筑施工扣件式钢管脚手架安全技术规范》（JGJ 130—2011）第5.5.2条规定采用。

②地基承载力特征值的取值应符合下列规定：

a. 当为天然地基时，应按地质勘察报告选用；当为回填土地基时，应对地质勘察报告提供的回填土地基承载力特征值乘以折减系数0.4；

b. 由载荷试验或工程经验确定。

2.3 工程检算案例

2.3.1 工程概况

某互通立交匝道桥的跨径为 $6 \times 30m$（T梁）$+5 \times 16m$（箱梁），桥面宽度17m包括：0.5m的墙式护栏 $+7.5m$ 的净宽 $+1m$ 中央分隔带（其中含0.65m宽整体式墙式护栏）$+7.5m$ 的净宽 $+0.5m$ 的墙式护栏。设计汽车荷载等级为公路—Ⅰ级，地震基本烈度值为Ⅷ度。

箱梁采用单箱三室截面，腹板均采用直腹板，梁高1.3m；主梁跨中顶板厚均为0.25m，跨中底板厚均为0.25m，腹板厚均为0.55m，箱室净宽3.45m，单个箱室的四个倒角尺寸为 $0.5m \times 0.25m$。

2.3.2 支架方案

匝道桥现浇梁采用盘扣支架，如图2-35所示，立杆纵向间距为1.2m，横向间距腹板处为0.9m，翼板处为1.2m；水平杆每1.5m一层。纵向剪刀撑间距为3.6m，横向剪刀撑间距为3.3m。在地面以上扫地杆处和箱梁底板底水平杆处各设置一层水平剪刀撑，支架高度中部7.5m处设置一层。主楞（200mm×100mm）在腹板和横隔梁位置设间距0.9m，在底板和翼板位置设置间距1.2m，次楞（150mm×100mm）均采用间距0.3m的方木。

2.3.3 材料参数

（1）箱梁浇筑的混凝土：重度 $\gamma = 25kN/m^3$；

（2）15cm×10cm方木：$\gamma = 4kN/m^3$，$[\sigma] = 13MPa$，$[\tau] = 1.8MPa$，$E = 13000MPa$；

（3）20cm×10cm方木：同上；

（4）立杆：$\phi60.3mm \times 3.2mm$ 钢管，Q355钢材抗拉、抗压和抗弯强度设计值为300MPa，抗剪强度设计值为175MPa；

（5）横杆：$\phi48.3mm \times 3.2mm$ 钢管，Q235钢材抗拉、抗压和抗弯强度设计值为205MPa，抗剪强度设计值为125MPa；

（6）斜杆：$\phi42mm \times 2.5mm$ 钢管，Q195钢材抗拉、抗压和抗弯强度设计值为175MPa，抗剪强度设计值为117MPa；

（7）盘扣式钢管脚手架可调底座底板的承力面钢板尺寸是15cm×15cm；基础采用强度等级为C20、厚度为20cm的混凝土浇筑；地基承载力特征值 $f_a = 200kPa$。

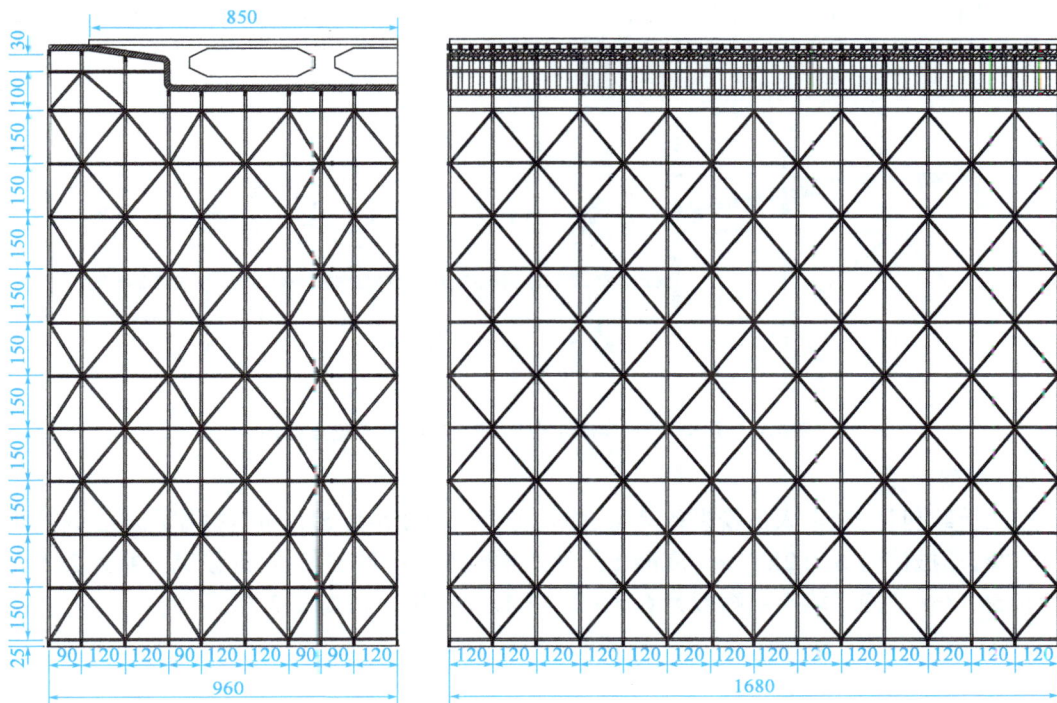

图 2-35　盘扣支架(尺寸单位:cm)

2.3.4　盘扣支架检算

1)荷载计算

(1)永久荷载

支架自重由软件加载。在单箱三室横断面的梁高变化处,上层横向方木(150mm ×100mm)所受线荷载计算如下:

①翼缘板端部:25 × 0.15 × 0.3 = 1.125(kN/m)。

②翼缘板根部:25 × 0.5 × 0.3 = 3.75(kN/m)。

③顶、底板:25 × 0.5 × 0.3 = 3.75(kN/m)。

④直腹板:25 × 1.3 × 0.3 = 9.75(kN/m)。

横向方木所受线荷载的布置情况如图 2-36 所示。

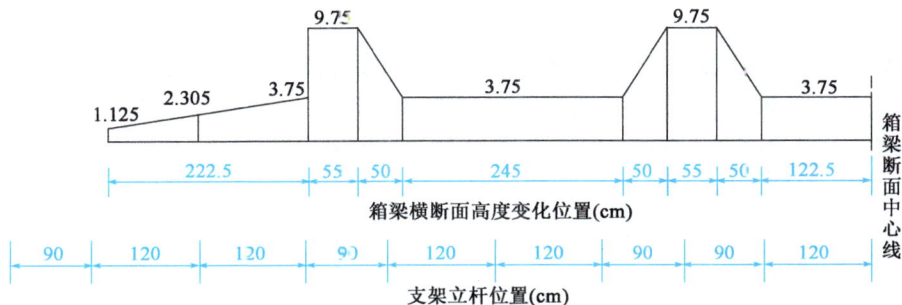

图 2-36　上层横向方木所受线荷载(单位:kN/m)

在单箱三室横断面的梁高变化处,上下层方木、立杆、横杆与斜杆的横向布置如图 2-37 所示。

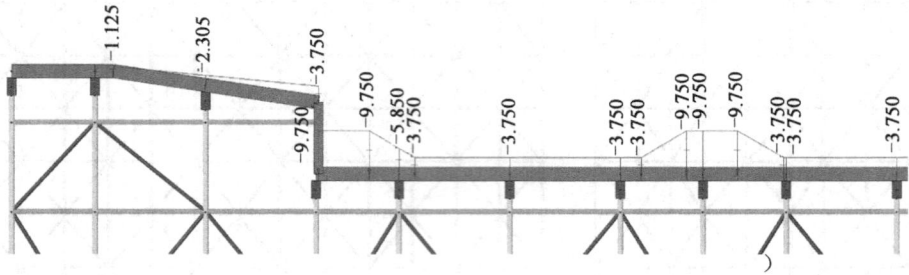

图 2-37　方木、立杆、横杆与斜杆的横向布置图(单位:kN/m)

（2）可变荷载

施工荷载包括:施工人员及设备荷载,即人工机具荷载为 2.5kN/m² ;振捣混凝土时产生的振动荷载,即振捣荷载为 2kN/m² ;混凝土倾倒入模时产生的冲击荷载,即倾倒荷载为 2kN/m² ,共计 6.5kN/m² 。施工均布线荷载为 6.5 × 0.3 = 1.95(kN/m) ,如图 2-38 所示。

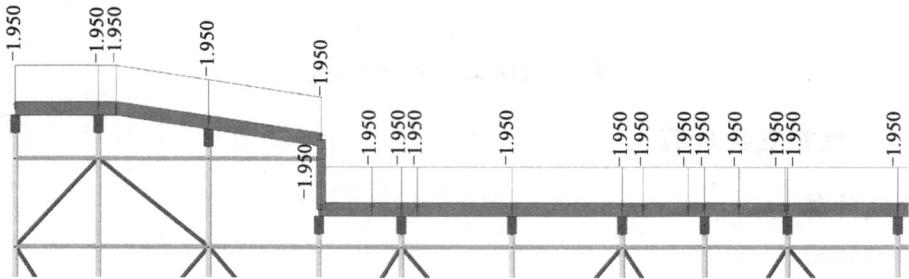

图 2-38　上层方木所受的均布线荷载(单位:kN/m)

（3）荷载组合

强度组合:

　　1.3 ×（支架自重 + 混凝土湿重） + 1.5 ×（人工机具荷载 + 振捣荷载 + 倾倒荷载）

刚度组合:

　　1.0 ×（支架自重 + 混凝土湿重） + 1.0 ×（人工机具荷载 + 振捣荷载 + 倾倒荷载）

2）支架检算

采用 MIDAS Civil 2020v1.1 软件建立盘扣支架计算模型,如图 2-39 所示。所有单元采用梁单元模拟,模型共有节点数量 7102 个,单元数量 15650 个,释放梁端约束 8910,弹性连接 1368 个。模型边界条件为:盘扣立杆底部只进行平动约束;立杆顶部与纵向方木以及两层方木之间各采用一般弹性连接。

（1）支架强度

①方木分配梁。

由图 2-40 及图 2-41 可见,方木分配梁的最大组合应力为 11.51MPa < f = 13MPa ,满足要求;方木分配梁的最大剪应力为 1.72MPa < f_v = 1.8MPa ,满足要求。

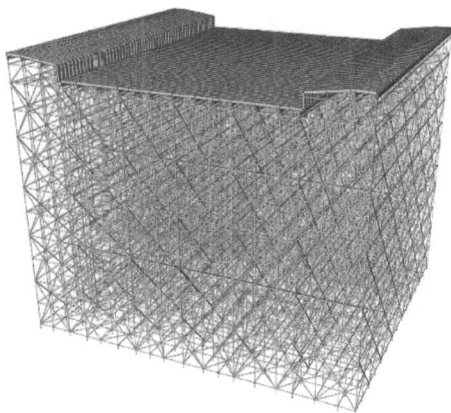

图 2-39　盘扣支架计算模型

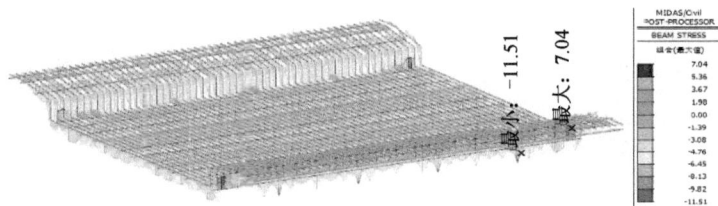

图 2-40　分配梁的组合应力图

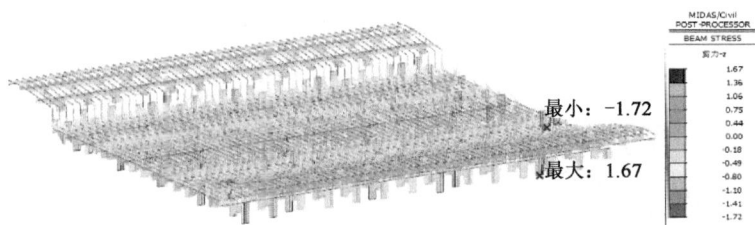

图 2-41　分配梁的剪应力图

②支架立杆。

由图 2-42 可见,立杆的最大组合应力为 116. 11MPa $<f$ = 300MPa,满足要求;立杆的最大剪应力为 2. 17MPa $<f_v$ = 175MPa,满足要求。

③横杆和纵杆。

由图 2-43 可见,横杆和纵杆的最大组合应力为 20. 99MPa $<f$ = 205MPa,满足要求 横杆和纵杆的最大剪应力为 0. 44MPa $<f_v$ = 125MPa,满足要求。

④剪刀撑。

由图 2-44 可见,剪刀撑的最大组合应力为 65. 06MPa $<f$ = 175MPa,满足要求;剪刀撑的最大剪应力为 0. 34MPa $<f_v$ = 117MPa,满足要求。

(2) 支架刚度

由图 2-45 可见,盘扣支架钢管最大竖向压缩变形为 4. 14mm $<$ 5mm,满足要求。

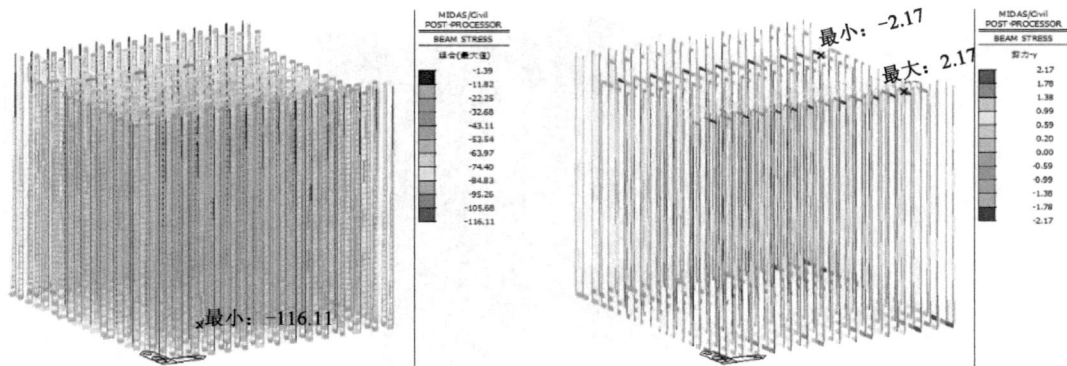

图 2-42　立杆的应力图

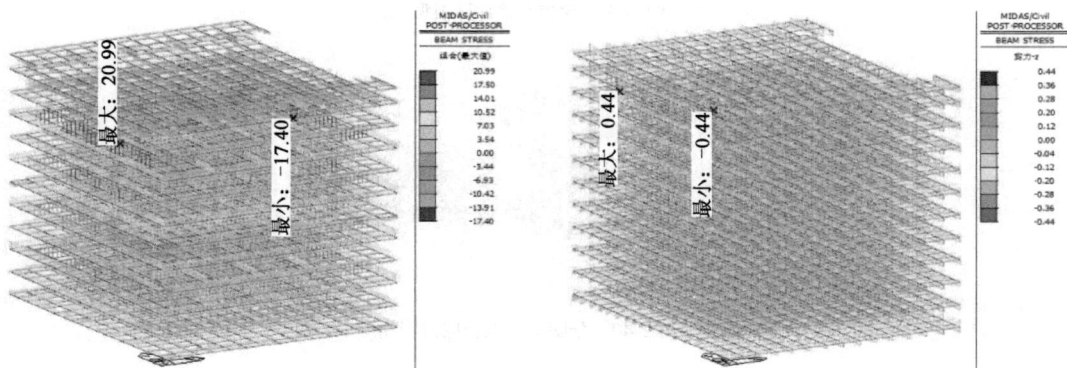

图 2-43　横杆和纵杆的应力图

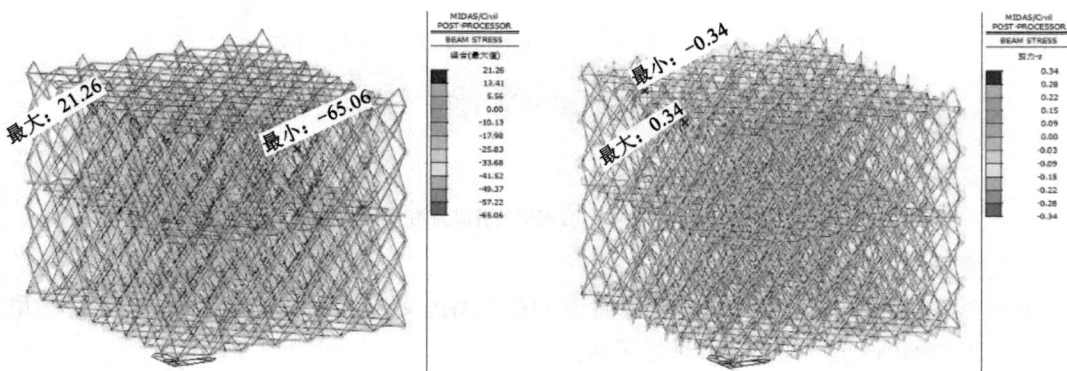

图 2-44　剪刀撑的应力图

由图 2-46 可见,方木分配梁的最大竖向位移为 $4.55 - 4.14 = 0.41(\text{mm}) < l/400 = 300/400 = 0.75\text{mm}$,满足要求。

(3)支架稳定性

由图 2-47 可见,支架临界荷载系数 $9.867 > 4$,满足要求。

3)支架反力计算

由图 2-48 可见,支架的最大反力为 46.83kN。

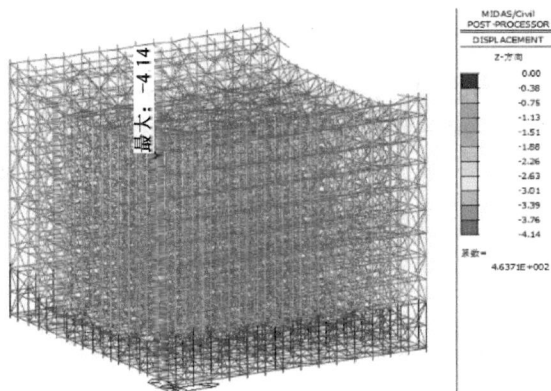

图2-45 支架钢管竖向压缩变形

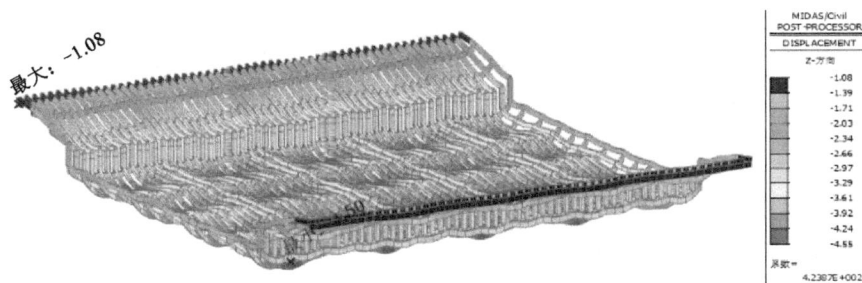

图2-45 方木分配梁的竖向挠度图

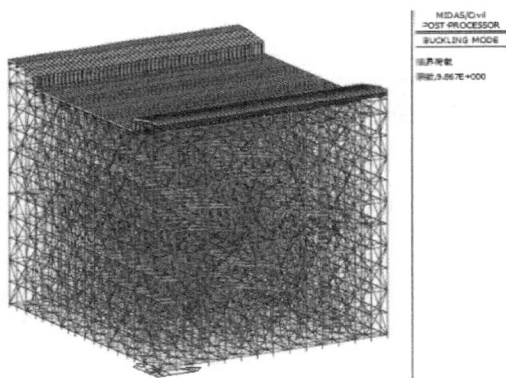

图2-47 支架临界荷载系数

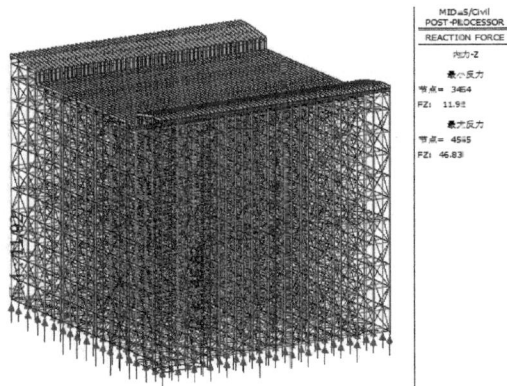

图2-48 支架反力

4）地基承载力检算

立杆传至基础顶面的轴向力 $N_k = 46.83\text{kN}$，立杆轴向力在混凝土基础中的传力扩散角度为 $45°$，可调底座底板对应的基础底面面积：$A_g = (2 \times 0.2 \times \tan45° + 0.15)^2 = 0.3025(\text{m}^2)$。立杆基础底面处的平均压力：

$$P_k = N_k/A_g = 46.83/0.3025 = 154.81(\text{kPa}) < f_a = 200\text{kPa}$$

可见，地基承载力满足要求。

学生通过本实训项目范例的学习,能够熟悉计算软件的使用,对下列项目进行进一步训练:贝雷架作为梁跨使用时,梁跨在各工况下的强度、刚度检算。

在本实训项目中,在以下三种工况下,贝雷架(不加强)为三排单层时,使用 ANSYS 或 MIDAS Civil 计算软件进行检算。计算出最大弯矩、最大剪力和最大挠度,进行强度与刚度检算如下:

1)工况1

该工况为当第一跨左侧放置一节梁段,运梁台车运载一节梁段处于第一跨中间的情况,如图 2-49 所示。

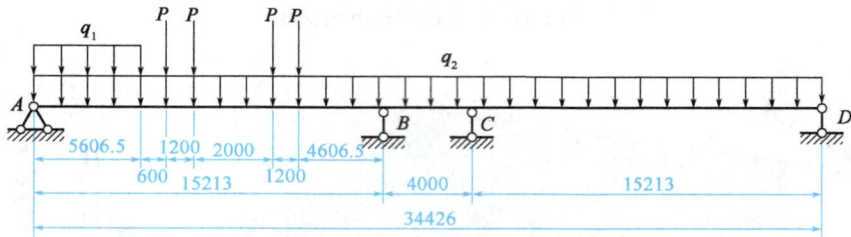

图 2-49　工况1 计算简图(尺寸单位:mm)

得到的弯矩、剪力和挠度如图 2-50 所示。

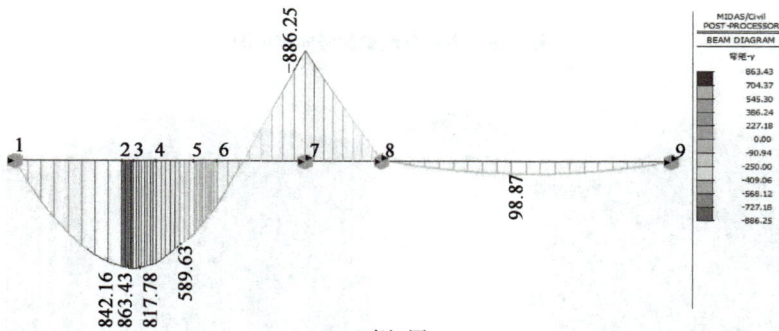

a)弯矩图

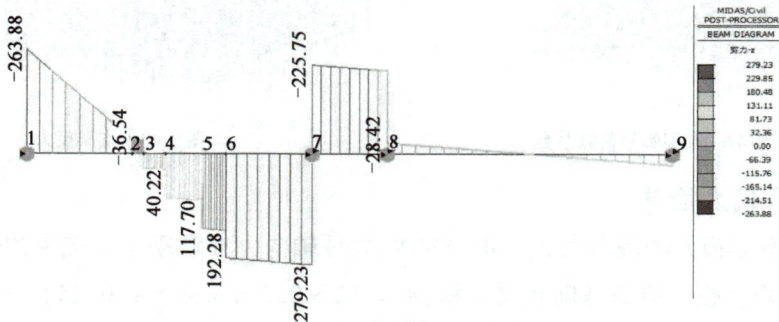

b)剪力图

图　2-50

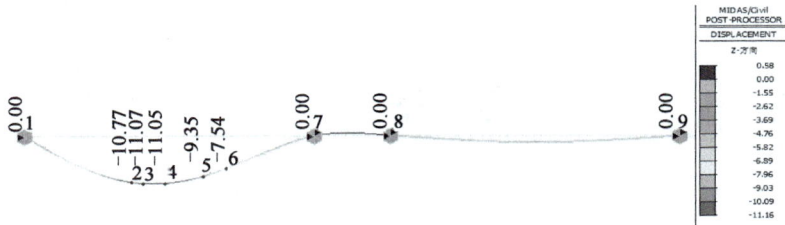

c)挠度图

图 2-50　工况 1 检算

$$\sigma_{max} = \frac{M_{max}}{W} = \frac{886.25 \times 10^6}{10019888} = 88.45(\text{N/mm}^2) < [\sigma] = 273\text{N/mm}^2$$

$$\tau_{max} = \frac{3}{2} \cdot \frac{Q_{max}}{A} = \frac{1.5 \times 279.23 \times 10^3}{15258} = 27.40(\text{N/mm}^2) < [\tau] = 208\text{N/mm}^2$$

$$f_{max} = 11.16\text{mm} < l/800 = 15213/800 = 19.01(\text{mm})$$

因此,工况 1 检算通过。

2)工况 2

第一跨上全放置安装梁段,如图 2-51 所示,得到的弯矩、剪力和挠度如图 2-52 所示。

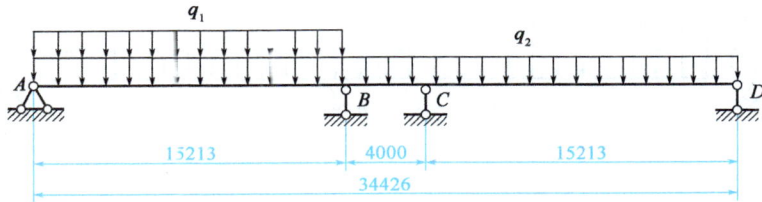

图 2-51　工况 2 计算简图(尺寸单位:mm)

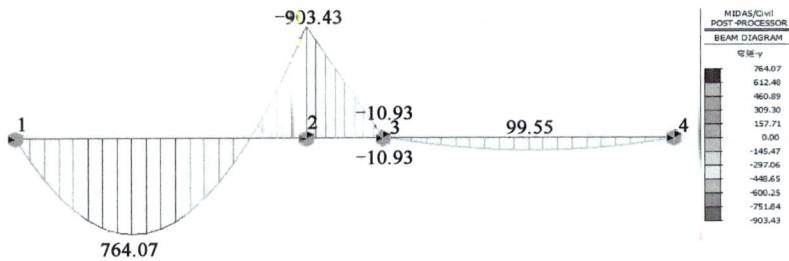

a)弯矩图

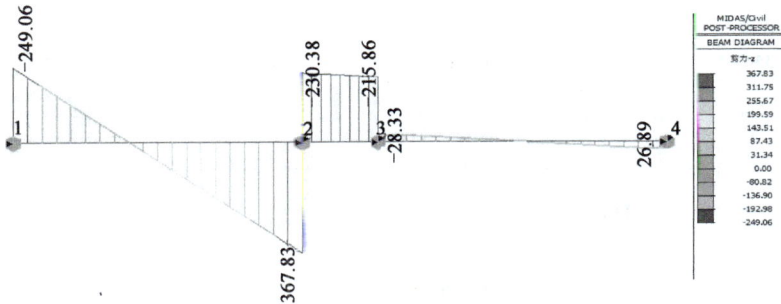

b)剪力图

图　2-52

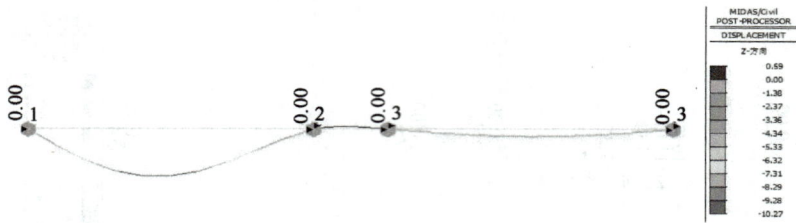

c)挠度图

图2-52 工况2检算

$$\sigma_{max} = \frac{M_{max}}{W} = \frac{903.43 \times 10^6}{10019888} = 90.16(N/mm^2) < [\sigma] = 273 N/mm^2$$

$$\tau_{max} = \frac{3}{2} \cdot \frac{Q_{max}}{A} = \frac{1.5 \times 367.83 \times 10^3}{15288} = 36.09(N/mm^2) < [\tau] = 208 N/mm^2$$

$$f_{max} = 10.27mm < l/800 = 15213/800 = 19.01(mm)$$

因此,工况2检算通过。

3)工况3

一节段梁安放在走行梁上,另一段梁节在跨中用4个千斤顶起,千斤顶支承在三排贝雷梁上,如图2-53所示,得到的弯矩、剪力和挠度如图2-54所示。

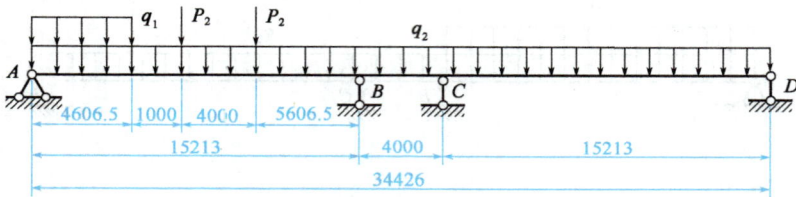

图2-53 工况3计算简图(尺寸单位:mm)

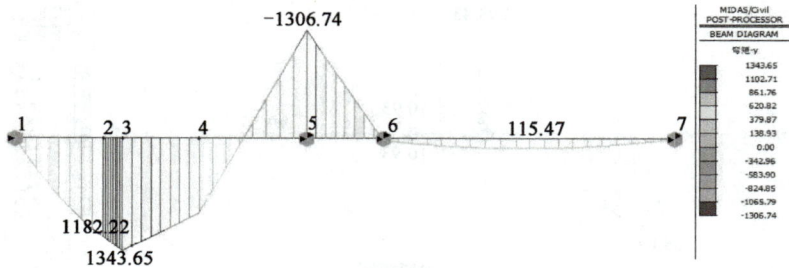

a)弯矩图

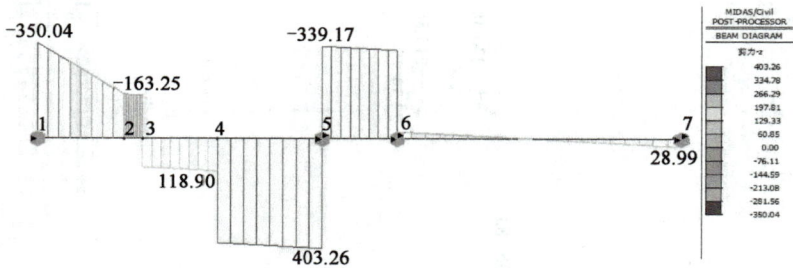

b)剪力图

图 2-54

施工临时结构检算(第3版)

72

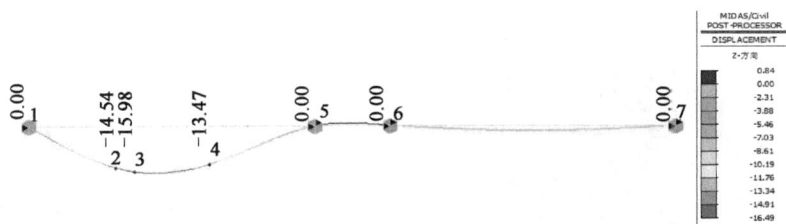

c)挠度图

图 2-54 工况 3 检算

$$\sigma_{max} = \frac{M_{max}}{W} = \frac{1343.65 \times 10^6}{10019888} = 134.10(\text{N/mm}^2) < [\sigma] = 273 \text{ N/mm}^2$$

$$\tau_{max} = \frac{3}{2} \cdot \frac{Q_{max}}{A} = \frac{1.5 \times 403.26 \times 10^3}{15288} = 39.57(\text{N/mm}^2) < [\tau] = 208 \text{ N/mm}^2$$

$$f_{max} = 16.49\text{mm} < l/800 = 15213/800 = 19.01(\text{mm})$$

因此,工况 3 检算通过。

拓展知识

(1)施工设备和机具

施工设备和机具的选择是桥梁施工技术中的一个重要课题,施工设备和机具的优劣往往决定了桥梁施工技术的先进性。相反,桥梁施工技术也要求各种施工设备和机具不断进行更新和改造,以适应施工技术的发展。现代大型桥梁施工设备和机具主要有:

①常备式结构,如脚手架、贝雷梁、军便梁、万能杆件、钢板桩等;

②起重机具设备,如千斤顶、吊机等;

③混凝土施工设备,如拌和机、输送泵、振捣设备等;

④预应力锚具及张拉设备,如各类张拉千斤顶、钢丝镦头设备、各类钳夹具。

桥梁施工所有设备和机具的门类品种繁多,故在进行施工组织和规划时,常要根据具体的施工对象、工期、劳力分布等情况,合理地选用和安排各种机具设备,以期使它们能够发挥最大的工效和经济效益,确保整个工程能够高质量、高效率和安全地如期完成。

此外,施工实践证明:施工设备选用的正确与否,也是保证桥梁施工能否安全进行的一个重要条件。许多重大事故的发生,常常同施工设备陈旧或使用不当有关。

(2)碗扣式钢管脚手架

碗扣式钢管脚手架,即碗扣式支架,如图 2-55 所示。1986 年由铁道部专业设计院从英国 SGB 脚手架公司引进当今流行的先进架设工具之一。在消化、吸收国外先进技术的基础上,经研制、创新开发了适合我国国情的碗扣式钢管脚手架体系。产品通过了部级鉴定,并申请了国家专利,受到广大施工用户的欢迎,迅速得到广泛推广和应用。从 1994 年以来,一直被住房和城乡建设部列为建筑业重点推广应用 10 项新技术之一。与其他类型脚手架相比,碗扣型多功能脚手架是一种有广泛发展前景的新型脚手架。

碗扣式钢管脚手架构件由碗扣节点、立杆、顶杆、横杆、斜杆、支座等组成,其中碗扣节点是核心部件,是由上碗扣、下碗扣、横杆接头和上碗扣限位销等形成的盖固式承插节点,如图 2-55 所示。

图 2-55 碗扣式钢管脚手架

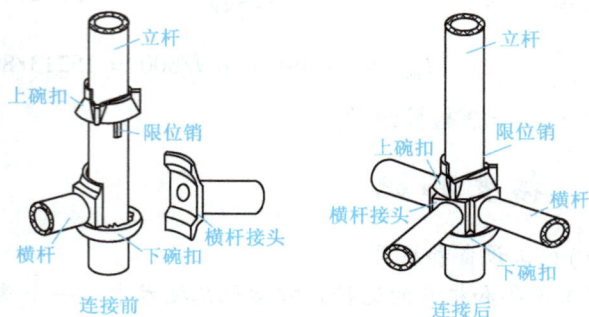

图 2-56 碗扣式支架及碗扣节点示意

脚手架立杆碗扣节点按 0.6m 模数设置,下碗扣和上碗扣限位销直接焊在立杆上。当上碗扣的缺口对准限位销时,上碗扣可沿杆向上滑动。连接横杆时,现将横杆接头插入下碗扣的圆槽内,将上碗扣沿限位销滑下扣住横杆接头,并顺时针旋转扣紧,用铁锤敲击几下即能牢固锁紧,从而形成牢固的框架结构。U 形托支撑和底托支撑广泛用于现浇混凝土梁的模板支撑,强度高、承载力大,可方便调整模板平面。钢管截面特性参数如表 2-26 所示。

钢管的截面特性 表 2-26

外径 φ(mm)	壁厚 t(mm)	截面积 A(cm²)	截面惯性矩 I(cm⁴)	截面模量 W(cm³)	回转半径 i(cm)
48.3	3.5	4.93	12.43	5.15	1.59

碗扣式钢管脚手架的特点如下:

①多功能。

能根据施工要求组成各种组架尺寸、形状和单、双排脚手架、支撑架、支撑柱、物料提升架、爬升脚手架、悬挑架等。亦可用于搭设施工棚、料棚、临时舞台、看台等构筑物。

②承载力大。

立杆接长轴心承插,横杆与立杆靠带齿的碗扣接口连接,具有可靠的抗弯、抗剪、抗扭力学性能和自锁能力,各杆件轴心相交立杆轴心、节点在框架平面内,结构稳定安全可靠。

③构件系列化、标准化。

具有 50 余种配套构件,碗扣与杆件为一整体完全避免了螺栓作业,拼装和拆除速度快、工人操作省力方便、劳动强度低、运输方便、维护简单、便于现场管理。

施工临时结构检算(第3版)

④降低成本。

可利用现有扣件式钢管脚手架进行装备改造，大大降低更新成本。

（3）ANSYS公司及其软件

ANSYS公司成立于1970年，员工超过1700人，总部位于美国宾夕法尼亚州的匹兹堡，在全球设立了60多个战略销售点。此外，ANSYS还建立了涵盖40多个国家或地区的渠道合作伙伴网络。安世亚太是美国ANSYS公司在中国的独家代理，向中国用户提供CAE软件及服务。

ANSYS公司致力于工程仿真软件和技术的研发，在全球众多行业中，被工程师和设计师广泛采用。ANSYS公司重点开发开放、灵活的，对设计直接进行仿真的解决方案，提供从概念设计到最终测试产品研发全过程的统一平台，同时追求快速、高效和经济。公司及其全球渠道合作网络提供销售、培训和技术支持一体化服务。

ANSYS软件是融结构、流体、电场、磁场、声场分析于一体的大型通用有限元分析软件，由世界上最大的有限元分析软件公司之一的美国ANSYS公司开发，软件主要包括三个部分：前处理模块、分析计算模块和后处理模块，可应用于航空航天、汽车工业、生物医学、桥梁、建筑、电子产品、重型机械、微机电系统、运动器械等工业领域。

项目小结

（1）支架常备式构件包括扣件式钢管脚手架支架、盘扣式钢管脚手架、贝雷架、万能杆件及军用梁，是模板体系的支架部分。

（2）支架的构造形式有支柱式、梁式及梁柱式；贝雷架、盘扣式钢管脚手架属于前两者。

（3）贝雷架，即贝雷钢桥，也称装配式公路钢桥或组合钢桥，最初由英国的唐纳德·贝雷（Sir Donald Bailey）工程师于1938年二战初期设计。这种军用钢桥在二战期间被大量用于欧洲及远东战场，二战之后，世界各国都在原贝雷钢桥的基础上结合本国实际情况设计了类似的装配式公路钢桥。

（4）"321"装配式公路钢桥是由单销连接桁架单元作为主梁的半穿下承式米字型桥梁，其基本构件按用途可分为主体结构、桥面系、支撑连接结构和桥端结构四大部分，并配有专用的架设工具；桁架单元，即桁架片，由上、下弦杆，竖杆和斜杆焊接而成。

（5）贝雷架作为梁跨使用时，贝雷架在各工况下的检算内容有强度、刚度检算；贝雷架钢管支墩需进行稳定性检算。

（6）六四式铁路军用梁是我国自行研制、中等跨度适用、标准轨距和1m轨距通用的一种铁路桥梁抢修制式器材。其中九种构件在两种型号的器材中是通用的，构件共分三类：基本构件、辅助端构架构件及低支点端构架构件。

（7）万能杆件或称拆装式杆件，是广泛应用于我国铁路与公路桥梁施工的一种常备式辅助结构。类型包括铁道部门生产的甲型（又称M型）、乙型（又称N型）和西安筑路机械厂生产的乙型（称为西乙型）。西乙型万能杆件与前两种在结构、拼装形式上基本相同，仅弦杆角铁尺寸、部分缀板的大小和螺栓直径稍有差异。

（8）满堂扣件式钢管脚手架：在纵、横方向，由不少于三排立杆并与水平杆、水平剪刀撑、竖向剪刀撑、扣件等构成的脚手架。该架体顶部作业层施工荷载通过水平杆传递给立杆，顶部立杆呈偏心受压状态，简称满堂脚手架。

（9）承插型盘扣式钢管脚手架，即盘扣式支架，是继碗扣式钢管脚手架之后的升级换代产品。根据使用用途它可分为以下两种脚手架：支撑脚手架和作业脚手架。盘扣式钢管脚手架由盘扣节点、立杆、水平杆、斜杆、可调底座和可调托撑等组成。根据立杆外径大小，脚手架可分为标准型和重型，其中前者的立杆钢管外径为 48.3mm，后者的立杆钢管外径为 60.3mm。

（10）盘扣式钢管脚手架检算内容包括强度、刚度及稳定性检算。采用承插型盘扣式钢管脚手架作为支撑架一般要保证脚手架的立杆为轴心受压杆件。失稳坍塌破坏是支撑架的主要破坏形式，可以采用单立杆稳定性验算的形式来验算支撑脚手架的整体稳定性。

复习思考题

1. 支架常备式构件的常见形式有哪些？核心部件是什么？由几部分组成？

2. 简述贝雷架的发展历史。

3. 贝雷架的桁架单元的组成是什么？主要桁架单元杆件的性能参数有哪些？

4. 贝雷架横截面为单层 3 排、4 排时的几何特性参数是什么？

5. 单层 3 排、4 排时，加强的贝雷架的几何特性参数是什么？

6. 六四式铁路军用梁的主要适用范围是什么？器材的组成是什么？

7. 万能杆件的类型有哪些？西乙型万能杆件的杆件规格是什么？

8. 扣件式钢管脚手架采用的螺栓紧固的扣件有哪三种基本形式？

9. 扣件式钢管脚手架中的大横杆与小横杆是什么含义？立杆横距、立杆纵（跨）距和步距又是什么意思？

10. 承插型盘扣式钢管脚手架是由哪几部分组成的？

11. 盘扣式支撑架可调托撑伸出顶层水平杆的悬臂长度要求是多少？可调底座底板与扫地杆中心线的距离要求是多少？

12. 盘扣式支撑架立杆稳定性计算公式（不组合风荷载时）是什么？

13. 采用承插型盘扣式钢管脚手架作为支撑架一般要保证脚手架的立杆为轴心受压杆件还是偏心受压构件？扣式钢管脚手架呢？

14. 为了有效保障盘扣节点的连接可靠性，盘扣架的节点插销设计成什么形状？

15. 承插型盘扣式钢管脚手架根据使用用途可分为哪两种脚手架？

16. 在盘扣架立杆稳定性计算中，受压构件稳定系数如何查取？

17. 承插型盘扣式钢管脚手架检算内容包括哪些？

项目 3　预应力混凝土构件
预制台座检算

项目描述

本项目介绍了先张法、后张法的台座类型及其结构组成。

在工程检算案例中,对先张法传力柱和横梁进行了强度、刚度检算;对后张法实施前后制梁台座的基础承载力进行了检算,对存梁台座基础单、双层存梁时进行了承载力检算。

学习目标

1. 能力目标

(1)能够检算传力柱及横梁的强度、刚度与稳定性;

(2)能够检算后张法台座基础承载力;

(3)能够初步使用计算软件;

(4)能够编制检算书。

2. 知识目标

(1)掌握先张法传力柱的结构及适用条件;

(2)掌握后张法制梁、存梁台座基础的承载力计算;

(3)掌握大、小偏心受压构件正截面的承载力计算。

任务 1　先张法台座检算

1.1　工作任务

通过本任务的学习，能够进行以下内容的检算：
(1) 先张法槽式台座传力柱及横梁的强度、刚度与稳定性检算；
(2) 先张法槽式台座钢横梁的强度、刚度检算。

1.2　相关配套知识

先张法一般用于预制构件厂生产定型的中小型构件，先张法生产时，可采用台座法和机组流水法。

台座由台面、横梁和承力结构等组成，它是先张法的主要生产设备。预应力筋的张拉、锚固，混凝土浇筑、振捣和养护及预应力筋的放张等全部施工过程都在台座上完成；预应力筋放松前，其张拉力由台座承受。台座应有足够的强度、刚度和稳定性。

1.2.1　墩式台座

墩式台座由台墩、台面与横梁等组成，台墩和台面共同承受拉力。墩式台座用以生产各种形式的中小型构件。

1) 台墩

台墩是承力结构，由钢筋混凝土浇筑而成。承力台墩应进行强度和稳定性检算。稳定性检算一般包括抗倾覆检算与抗滑移检算。抗倾覆系数不得小于 1.5，抗滑移系数不得小于 1.3。抗倾覆检算的计算简图如图 3-1 所示，可按下式计算：

$$K_0 = \frac{M'}{M} \geq 1.5 \tag{3-1}$$

式中：K_0——台座的抗倾覆安全系数；

M'——抗倾覆力矩（kN·m）；

M——由张拉力 T 产生的倾覆力矩（kN·m），$M = T \cdot e$；

e——张拉合力 T 的作用点到倾覆转动点 O 的力臂（m）。

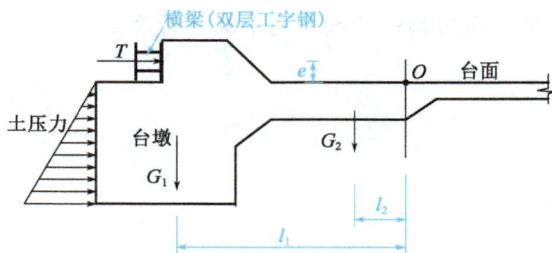

图 3-1　墩式台座

如果忽略土压力,则:

$$M' = G_1 l_1 + G_2 l_2 \tag{3-2}$$

抗滑移验算:

$$K_e = \frac{T'}{T} \geqslant 1.3 \tag{3-3}$$

式中:K_e——抗滑移安全系数;

   T——张拉力合力(kN);

   T'——抗滑移的力(kN)。

对于独立的台墩,抗滑移的力由侧壁上压力和底部摩阻力等产生;对与台面共同工作的台墩,其水平推力几乎全部传给台面,不存在滑移问题,可不作抗滑移计算,此时应验算台面的强度。

2)台面

台面是预应力构件成型的胎模,要求地基坚实平整,它是在厚150mm夯实碎石垫层上,浇筑60~80mm厚C20混凝土面层,原浆压实抹光而成。台面要求坚硬、平整、光滑,沿其纵向有3%的排水坡度。

3)横梁

横梁以台墩墩座牛腿为支承点安装其上,是锚固夹具(工具锚)临时固定预应力筋的支承点,也是千斤顶张拉预应力筋的支座。横梁常采用型钢或钢筋混凝土制作。

1.2.2 槽式台座

槽式台座由台面、传力柱、横梁、横系梁组成。槽式台座既可承受拉力,又可作蒸汽养护槽,适用于张拉吨位较高的大型构件,如图3-2所示。

槽式台座需进行强度和稳定性检算。传力柱的强度按钢筋混凝土结构单向偏心受压构件进行检算。

动画:槽式台座构造

图3-2 槽式台座构造

1)偏心受力构件类型

偏心受力构件:构件截面上作用一偏心的纵向力或同时作用轴向力和弯矩。

偏心受压构件:作用在构件截面上的轴向力为压力的偏心受力构件。

单向偏心受力构件:纵向力作用点仅对构件截面的一个主轴有偏心距。

双向偏心受力构件:纵向力作用点对构件截面的两个主轴都有偏心距。

2)破坏形态

(1)大偏心受压破坏(受拉破坏)

①发生条件:相对偏心距 e_0/h_0 较大,受拉纵筋 A_s 不过多时。

如图3-3a)所示,受拉边出现水平裂缝,继而形成一条或几条主要水平裂缝,主要水平裂缝扩展较快,裂缝宽度增大使受压区高度减小,受拉钢筋的应力首先达到屈服强度,然后受压边缘的混凝土达到极限压应变而破坏,受压钢筋应力一般都能达到屈服强度。

②大偏心受压破坏的主要特征:破坏从受拉区开始,受拉钢筋首先屈服,而后受压区混凝土被压坏。

(2)小偏心受压破坏(受压破坏)

①发生条件:相对偏心距 e_0/h_0 较大,但受拉纵筋 A_s 数量过多;或相对偏心距 e_0/h_0 较小时。

如图3-3b)所示,随荷载加大到一定数值,截面受拉边缘出现水平裂缝,但未形成明显的主裂缝,而受压区临近破坏时受压边出现纵向裂缝。

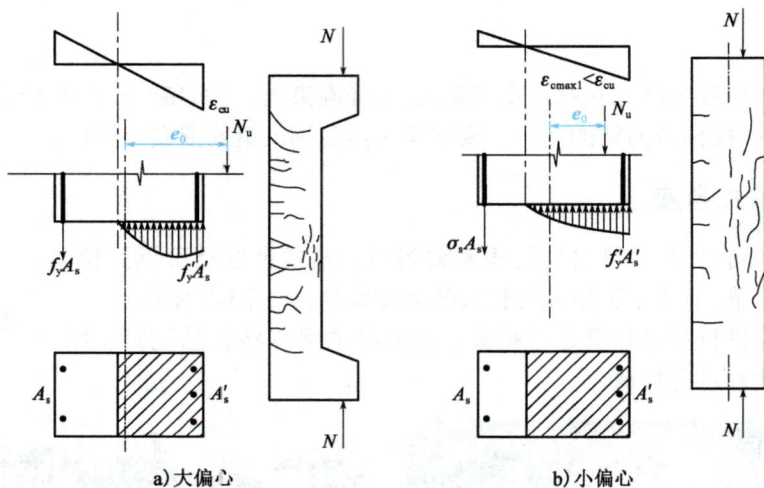

图3-3 大偏心受压破坏与小偏心受压破坏

破坏较突然,无明显预兆,压碎区段较长。破坏时,受压钢筋应力一般能达到屈服强度,但受拉钢筋并不屈服,截面受压边缘混凝土的压应变比受拉破坏时小。

当相对偏心距很小时,构件全截面受压,破坏从压应力较大边开始,此时,该侧的钢筋应力一般均能达到屈服强度,而压应力较小一侧的钢筋应力达不到屈服强度。若相对偏心距更小时,由于截面的实际形心和构件的几何中心不重合,也可能发生离纵向力较远一侧的混凝土先压坏的情况(反向破坏)。

②小偏心受压破坏特征:由于混凝土受压而破坏,压应力较大一侧钢筋能够达到屈服强度,而另一侧钢筋受拉不屈服或者受压不屈服。

3)两类偏心受压破坏的界限

根本区别:破坏时受拉纵筋是否屈服。

界限状态:受拉纵筋屈服,同时受压区边缘混凝土达到极限压应变。

界限破坏特征与适筋梁、超筋梁的界限破坏特征完全相同,因此,ξ_b 的表达式与受弯构件完全一样。

4)大、小偏心受压构件判别条件

当 $\xi \leq \xi_b$ 时,为大偏心受压;当 $\xi > \xi_b$ 时,为小偏心受压。

5)附加偏心距、初始偏心距

可能产生附加偏心距 e_a 的原因:荷载作用位置的不定性;混凝土质量的不均匀性;施工的偏差等因素。初始偏心距 $e_i = e_0 + e_a$。

《混凝土结构设计标准》(GB/T 50010—2010)规定:两类偏心受压构件的正截面承载力计算中,均应计入轴向压力在偏心方向存在的附加偏心距 $e_a = \max(h/30, 20)$ mm。

6)基本计算公式及适用条件

(1)大偏心受压构件,如图 3-4a)所示。

① 基本公式。

$$e = \eta e_i + \left(\frac{h}{2} - a_s\right) \text{或} e' = \eta e_i - \left(\frac{h}{2} - a'_s\right)$$

$$N \leq N_u = \alpha_1 f_c b h_0 \xi + f'_y A'_s - f_y A_s$$

$$Ne \leq N_u e = \alpha_1 f_c b x \left(h_0 - \frac{x}{2}\right) + f'_y A'_s (h_0 - a'_s)$$

② 适用条件。

大偏心:

$$x \leq \xi_b h_0 \text{ 或 } \xi \leq \xi_b$$

小偏心:

$$x \geq 2a'_s \text{或} \xi \geq \frac{2a'_s}{h_0}$$

(2)小偏心受压构件,如图 3-4b)所示。

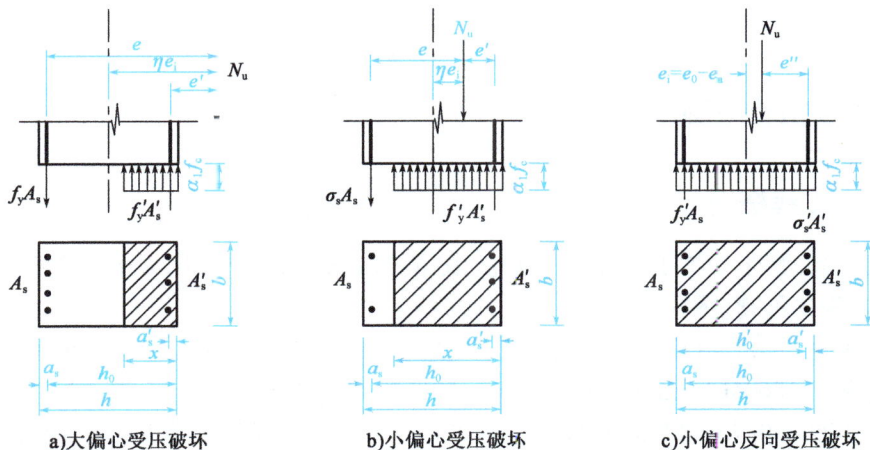

a)大偏心受压破坏 b)小偏心受压破坏 c)小偏心反向受压破坏

图 3-4 大偏心受压破坏、小偏心受压破坏与反向受压破坏

①基本公式。

$$e = \eta e_i + \frac{h}{2} - a_s \ 或 \ e' = \frac{h}{2} - \eta e_i - a_s'$$

$$Ne \leqslant N_u e = \alpha_1 f_c bx \left(h_0 - \frac{x}{2} \right) + f_y' A_s' (h_0 - a_s')$$

$$Ne' \leqslant N_u e' = \alpha_1 f_c bx \left(\frac{x}{2} - a_s' \right) - \sigma_s A_s (h_0 - a_s')$$

$$N \leqslant N_u = \alpha_1 f_c bx + f_y' A_s' - \sigma_s A_s$$

或

$$Ne \leqslant N_u e = \alpha_1 f_c b h_0^2 \xi \left(1 - \frac{\xi}{2} \right) + f_y' A_s' (h_0 - a_s')$$

$$Ne' \leqslant N_u e' = \alpha_1 f_c b h_0^2 \xi \left(\frac{\xi}{2} - \frac{a_s'}{h_0} \right) - \sigma_s A_s (h_0 - a_s')$$

$$N \leqslant N_u = \alpha_1 f_c b h_0 \xi + f_y' A_s' - \sigma_s A_s$$

σ_s 可近似计算：$\sigma_s = \dfrac{\xi - \beta_1}{\xi_b - \beta_1} f_y$，应满足 $-f_y' \leqslant \sigma_s \leqslant f_y$。

当 σ_s 为正时，A_s 受拉；当 σ_s 为负时，A_s 受压。混凝土强度等级不超过 C50 时，$\beta_1 = 0.8$；混凝土强度等级为 C80 时，$\beta_1 = 0.74$。

②适用条件。

$$\xi > \xi_b$$

小偏心反向受压破坏时，如图 3-4c) 所示：

$$e'' = \frac{h}{2} - a_s' - (e_0 - e_a)$$

当轴向压力较大而偏心距很小时，有可能 A_s 受压屈服，这种情况称为小偏心受压的反向破坏。对 A_s' 合力点取矩，得：

$$Ne'' \leqslant N_u e'' = f_c bh \left(h_0' - \frac{h}{2} \right) + f_y' A_s (h_0' - a_s)$$

$$A_s \geqslant \frac{Ne'' - f_c bh \left(h_0' - \dfrac{h}{2} \right)}{f_y' (h_0' - a_s)}$$

1.3 工程检算案例

1.3.1 工程概况

某线路合同段，全长 7.12km，其中 13m、16m、20m 长的预应力混凝土空心板梁共计 812 片，全部场内集中预制（图 3-5）。

空心板梁采用槽式台座进行张拉生产，设置制梁台座 7 线。20m 跨空心板预应力筋采用抗拉强度标准值 1860MPa、公称直径 15.2mm 的低松弛高强度钢绞线 16 根，呈直线形布置，张拉控制应力 $1860 \times 0.75 = 1395$（MPa），公称截面积 139mm²，混凝土强度等级 C40。采用的张拉设备有 250t 穿心千斤顶，20t 穿心千斤顶，ZB-500 型电动油泵，1.0 级压力表。千斤顶与压力表应配套校验，以确定张拉力与压力表读数之间的关系曲线。

a)总体布局   b)传力柱

图3-5   槽式台座

1.3.2   台座技术参数

梁场采用槽式台座预制 20m 先张法预应力混凝土梁,相关技术参数如下。

(1)工程选用 6 线长线台座,设置 7 根通长纵梁,每线可同时生产 5 片混凝土强度等级 C40 的空心板梁,芯模为 $\phi72cm$ 的充气胶囊,空心板底模宽 1240mm[图 3-6a)]。

(2)钢筋混凝土传力柱采用 C30 混凝土浇筑而成,其长度为 63.75m,矩形横截面尺寸为 600mm×900mm[图 3-6b)]。为使整个预制场成为一个整体,传力柱间每 10m 设置 200mm× 150mm 的横向联系梁一道。

(3)传力柱所承受的偏心压力为 1395×139×16 = 3102.48(kN),计算时张拉偏心距 e_0 取 70mm。相邻传力柱最大跨径为 304.5cm。

(4)台座张拉及固定端的钢横梁采用两根 I56a 工字钢并列焊接,然后两边加焊 2cm 厚钢板,钣横梁宽 0.43m[图 3-6c)],安全系数取值 $K = 1.30$。

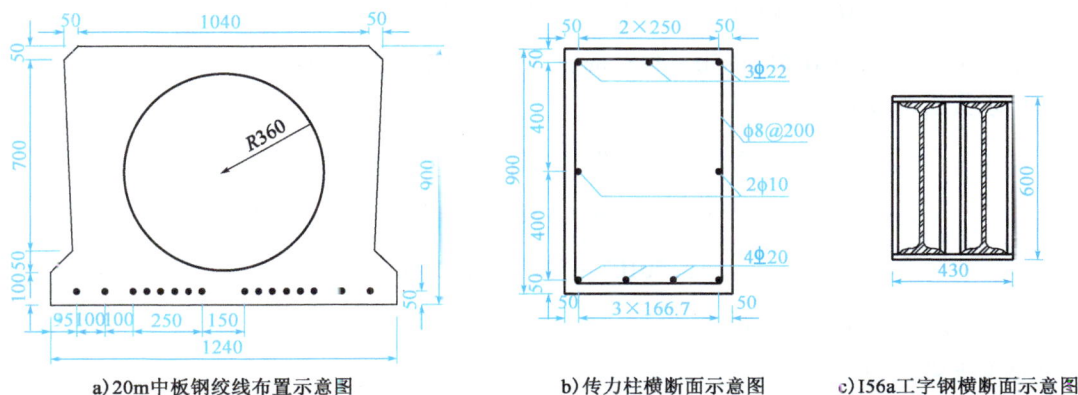

a)20m中板钢绞线布置示意图   b)传力柱横断面示意图   c)I56a工字钢横断面示意图

图3-6   构件截面图(尺寸单位:mm)

1.3.3   台座检算

1)传力柱检算

(1)判断大、小偏心

取传力柱的计算长度换算系数为 0.5。

最小回转半径 $\dfrac{b}{\sqrt{12}} = \dfrac{600}{\sqrt{12}} = 173(\mathrm{mm})$，按照《公路钢筋混凝土及预应力混凝土桥涵设计规范》(JTG 3362—2018) 第 5.3.9 条有：长细比 $\dfrac{l_0}{i} = \dfrac{0.5 \times 63.75 \times 10^3}{173} = 184.2 > 17.5$，应考虑偏心受压构件的偏心距增大系数 η。

$$\xi_1 = 0.2 + 2.7\dfrac{e_0}{h_0} = 0.2 + 2.7 \times \dfrac{70}{850} = 0.4224 < 1$$

$$\xi_2 = 1.15 - 0.01\dfrac{l_0}{h} = 1.15 - 0.01 \times \dfrac{0.5 \times 63.75 \times 10^3}{900} = 0.7958 < 1$$

$$\eta = 1 + \dfrac{1}{1300\dfrac{e_0}{h_0}}\left(\dfrac{l_0}{h}\right)^2 \xi_1\xi_2 = 1 + \dfrac{\left(\dfrac{0.5 \times 63.75 \times 10^3}{900}\right)^2 \times 0.4224 \times 0.7958}{1300 \times \dfrac{70}{850}} = 4.938$$

假设为大偏心受压构件，按照第 5.3.4 条有：

$$e = \eta e_0 + \dfrac{h}{2} - a_s = 4.938 \times 70 + \dfrac{900}{2} - 50 = 745.66(\mathrm{mm})$$

假设为大偏心受压构件：

$$\gamma_0 \cdot N_d = f_{cd}bx + f'_{sd}A'_s - f_{sd}A_s \tag{1}$$

$$\gamma_0 \cdot N_d \cdot e = f_{cd}bx\left(h_0 - \dfrac{x}{2}\right) + f'_{sd}A'_s(h_0 - a'_s) \tag{2}$$

把(1)式代入(2)式，再代入其他数据得：

$$4140x^2 - 863935.2x - 279579036.8 = 0，解得 x = 384.37\mathrm{mm}$$

因为 $x < x_b = \xi_b h_0 = 0.56 \times 850 = 476(\mathrm{mm})$，故为大偏心受压构件。

(2)求受压承载力

$$N_d = f_{cd}bx + f'_{sd}A'_s - f_{sd}A_s$$

$$= 13.8 \times 600 \times 384.37 + 280 \times (1140 - 1256)$$

$$= 3150103.6(\mathrm{N}) > 3102480\mathrm{N}$$

可见，传力柱承载力满足要求。

2)钢横梁检算

(1)强度检算

I56a 工字钢参数如下：

$h = 560\mathrm{mm}，A = 1354.35\mathrm{mm}^2，I = 6.56 \times 10^8\mathrm{mm}^4，W = 2.34 \times 10^6\mathrm{mm}^3，d = 12.5\mathrm{mm}，I/S = 477\mathrm{mm}，E = 2.06 \times 10^5\mathrm{MPa}，[\sigma] = 205\mathrm{MPa}，[\tau] = 125\mathrm{MPa}$。

2cm 厚钢板(6 块)参数如下：

$$I = 2 \times \left(\dfrac{1}{12} \times 20 \times 560^3\right) + 2 \times \left(\dfrac{1}{12} \times 430 \times 20^3 + 20 \times 430 \times 290^2\right) + 2 \times \left(\dfrac{1}{12} \times 20 \times 520^3\right)$$

$$= 2.5012 \times 10^9 \ (\text{mm}^4)$$

钢横梁的惯性矩:

$$I = 2 \times 6.56 \times 10^8 + 2.5012 \times 10^9 = 3.8132 \times 10^9 \ (\text{mm}^4)$$

采用相邻传力柱最大跨径为 304.5cm 计算,结构形式按简支梁考虑:

$$q = \frac{1.3 \times 3102.48 \times 10^3}{1.44 \times 10^3} = 2800.85 \ (\text{N/mm})$$

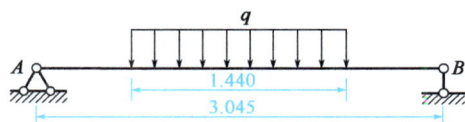

图 3-7　台座钢横梁计算简图(尺寸单位:m)

台座钢横梁计算简图如图 3-7 所示。

使用计算软件 MIDAS Civil 绘制的弯矩图如图 3-8 所示。

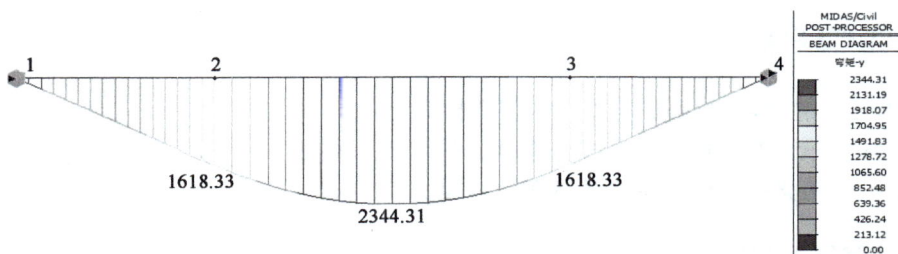

图 3-8　弯矩图

故跨中最大弯曲应力:

$$\sigma_{\max} = \frac{M_{\max}}{W} = \frac{23444.31 \times 10^{10}}{3.8132 \times 10^9} \times \frac{600}{2} = 184.44 \ (\text{MPa}) < [\sigma] = 205\text{MPa},\text{强度满足要求}.$$

剪力图如图 3-9 所示。

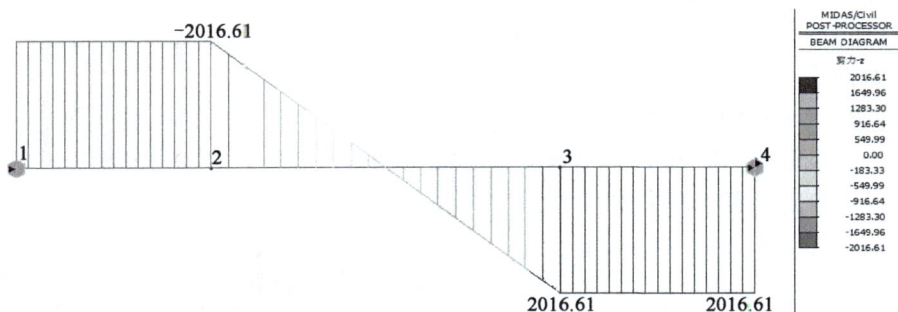

图 3-9　剪力图

$$\tau_{\max} = \frac{3}{2} \cdot \frac{Q_{\max}}{A} = \frac{1.5 \times 2016.61 \times 10^3}{63108.7} = 47.93 \ (\text{MPa}) < [\tau] = 125\text{MPa},\text{强度满足要求}.$$

(2)刚度检算

跨中最大挠度如图 3-10 所示。

$$f = 3\text{mm} < \frac{l}{400} = \frac{3045}{400} = 7.61 \ (\text{mm}),\text{刚度满足要求}.$$

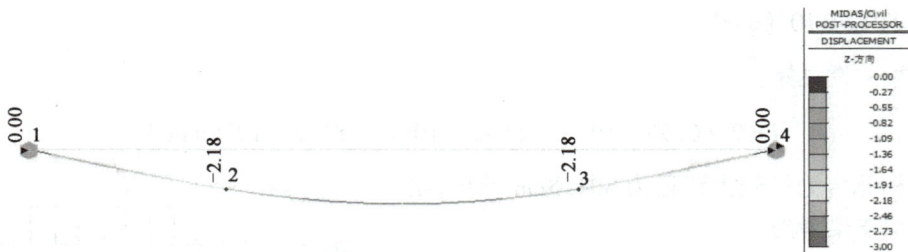

图 3-10　挠度图

任务 2　后张法台座检算

2.1　工作任务

通过本任务的学习，能够进行以下内容的检算：

（1）后张法箱梁在张拉前后制梁台座基础的承载力检算；

（2）后张法箱梁存梁台座基础的承载力检算。

2.2　相关配套知识

铁路客运专线和高速铁路建设在国内的迅速发展，桥梁上部结构广泛采用标准箱梁，其截面大，重量大，标准也高，除少量采用现浇和移动模架施工外，大部分在场内预制。预制场是大临工程，它的土建结构施工直接影响预制箱梁的安全、质量和效率。预制场主要结构物包括制梁台座、存梁台座、移梁小车轨道基础、搬（提）梁机走行轨道基础等。

制梁台座[图 3-11a)]是制梁场内为箱梁预制提供平台功能的混凝土结构物，使用频率最高。制梁台座是箱梁在制梁台座上完成模板安拆、预埋件安装、钢筋骨架安装、混凝土浇筑及养护、预应力钢筋（预）初张拉和出梁等基本工序的平台。

存梁台座[图 3-11b)]是梁场中数量最多的土建结构，而且箱梁在存梁台座上存放的时间最长，它能否满足箱梁预制要求，将直接影响到箱梁的质量高低。存梁台座相当于临时的箱梁支撑，因此存梁台座布置于箱梁的两端。

a)制梁台座

b)存梁台座

图 3-11　箱梁台座

2.2.1 制梁台座

1)制梁台座结构

制梁台座主要由三部分组成:连续墙、地基板(梁板式基础)和桩基础。有时制梁台座两端为扩大基础——钢筋混凝土扩展式基础,地基需换填,逐层压实,保证承载力足够。

案例一:京沪高速铁路某标段梁场制梁台座结构。

制梁台座采用钢筋混凝土结构,由1块地基板、3道连续墙和12根基桩组成。制梁台座长33.2m,总高1.6m(地基板厚0.6m、连续墙高1m),宽6.6m,露地部分高1m,宽4.8m,全部采用C30混凝土。地基梁下铺30cm厚级配碎石并夯实。箱梁自重荷载9000kN、施工荷载和模板重量1700kN。

根据制梁区范围内的地层特点,制梁台座基础采用钻孔灌注桩,桩径1m,混凝土强度等级C25,单桩长25m。基础地基板与周边混凝土隔离,满足基础不均匀沉降值和底模变形值之和不大于2mm的要求,反拱按二次抛物线设置,在铺设底模时精调。制梁台位施工时预埋底侧模安装使用的预埋件,布设蒸养管道。制梁台座结构如图3-12、图3-13所示。

案例二:制梁台座中间为加垫层浅基础,两端为扩大基础,如图3-14、图3-15所示。

2)受力检算

制梁台座受力有两个阶段:一是在浇筑期,即混凝土浇筑后初张拉前,梁体自重、台座自重、模板自重及施工荷载均右作用于地基之上;二是预应力张拉之后,由于梁体中部起拱后脱离了底模,梁及部分模板自重作用于两端台座上(相当于单层存梁台座),制梁台座两端局部受压。

(1)张拉前

$$W_{s1} = W_1 + W_2 + W_3 + W_4 \tag{3-4}$$

$$\sigma = \frac{KW_{s1}}{A} = \frac{1.2W_{s1}}{A} \leqslant [\sigma] \tag{3-5}$$

式中:W_1——单片梁体自重(kN);

W_2——梁体模板自重(kN);

W_3——施工荷载(kN);

W_4——连续墙、地基板自重(kN);

A——基础整体受力面积(m^2);

K——安全系数;

σ——张拉前基础整体受力时的地基平均应力(kPa);

$[\sigma]$——地基土的容许承载力(地质勘察报告)(kPa)。

(2)张拉后

以制梁台座一端为对象进行计算:

$$W_{s2} = W_5 + W_6 + W_7 + n \cdot W_8 \tag{3-6}$$

$$P = \frac{KW_{s2}}{n} = \frac{1.1W_{s2}}{n} \leqslant [P] \tag{3-7}$$

动画:制梁台座的构造

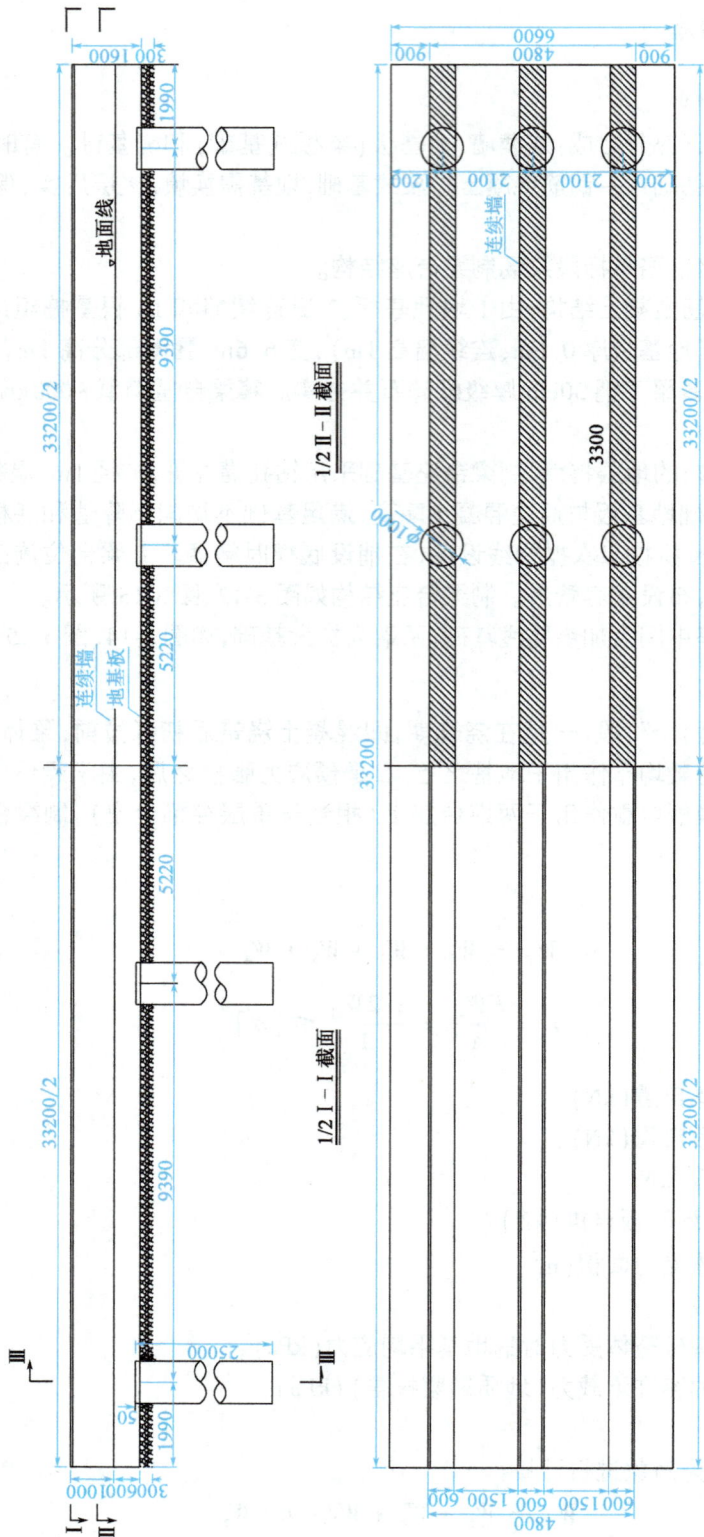

图3-12 案例一制梁台座纵断面（尺寸单位：mm）

式中：W_5——单片梁每一端的重量(kN)；

$\quad\quad W_6$——施工荷载在每一端的重量(kN)；

$\quad\quad W_7$——单端存台自重(kN)；

$\quad\quad W_8$——单根桩自重(kN)；

$\quad\quad n$——单端桩的根数；

$\quad\quad K$——安全系数；

$\quad\quad P$——单根桩所承载的压力(kN)；

$[P]$——单根桩的轴向容许承载力(kN)。

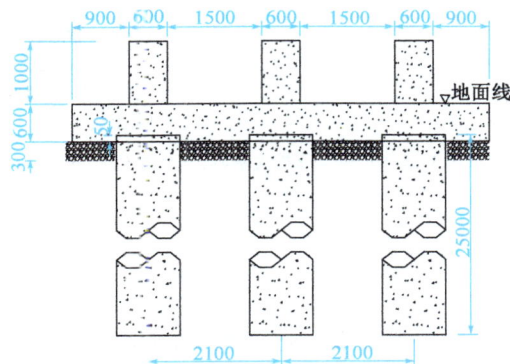

图3-13　台座桩基础(尺寸单位：cm)

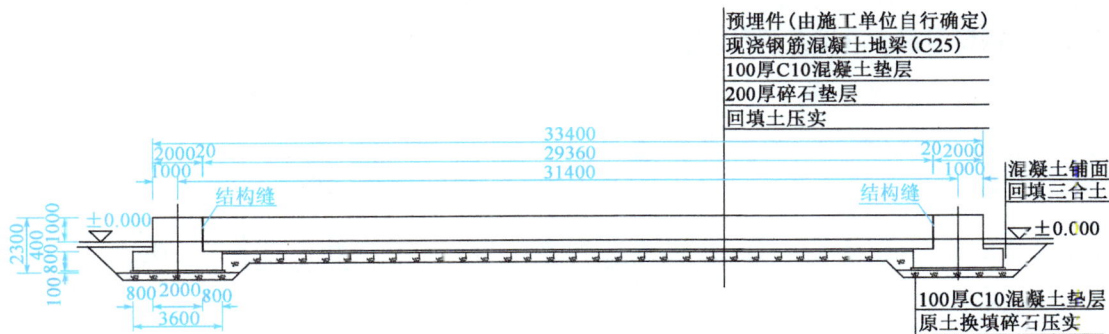

图3-14　案例二制梁台座纵断面(尺寸单位：mm)

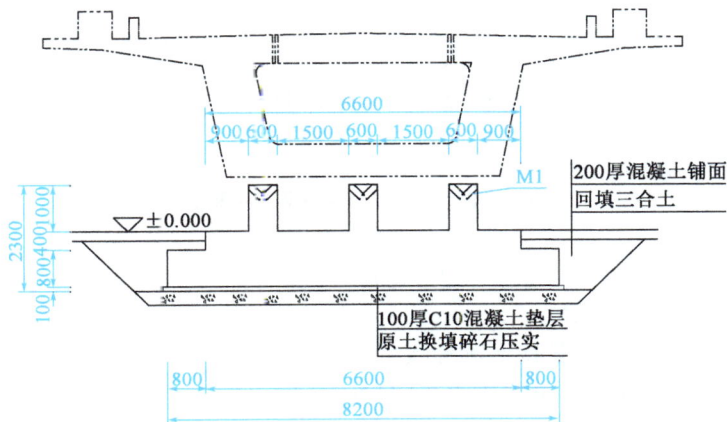

图　3-15

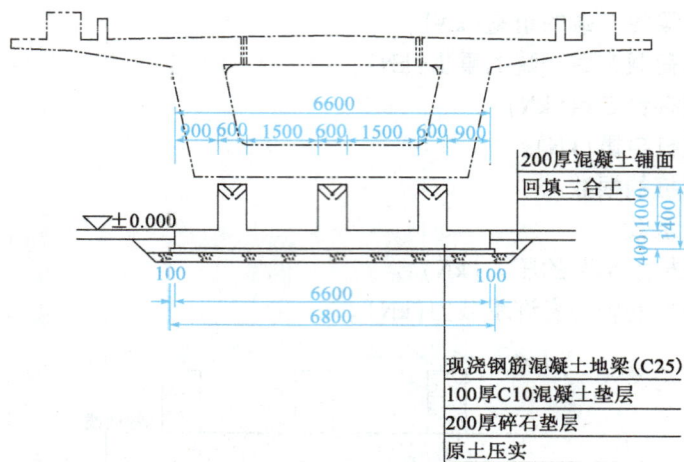

图 3-15　台座端部扩大基础(尺寸单位:mm)

2.2.2　存梁台座

1)存梁台座结构

案例一接续:存梁台座采用钢筋混凝土扩大基础,基础适当扩大为 2.5m × 7.2m。基础底面采用桩径 120cm 的钻孔灌注桩加固,桩间距为 4.5m,半边存梁台座设置 2 根,单根桩长 35m。梁体由基础上四个方形墩支撑,梁端两个方形墩采用整体钢筋混凝土基础共同受力。存梁台座结构如图 3-16 所示。

动画:存梁台座的构造

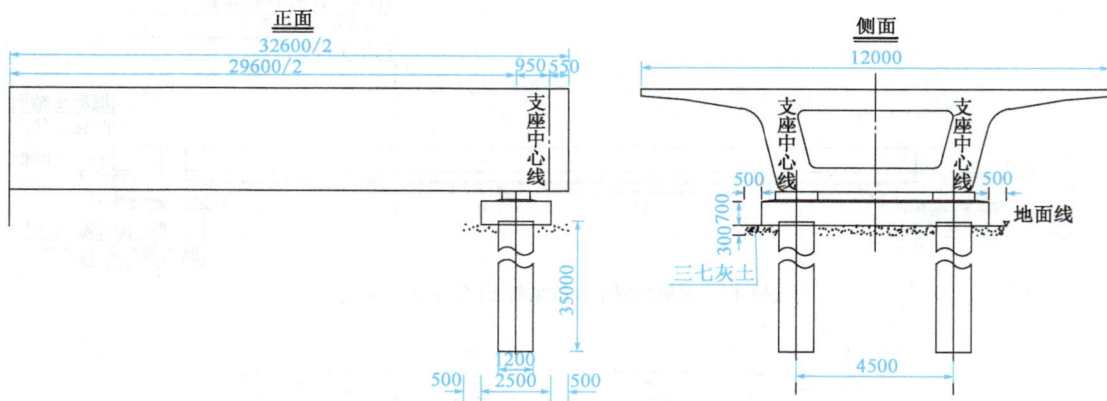

图 3-16　存梁台座结构(尺寸单位:mm)

2)受力检算

$$W_{s3} = W_9 + 2nW_{10} + 2nW_{11} + W_{12} \tag{3-8}$$

$$P_1 = \frac{KW_{s3}}{2n} \leqslant [P] \tag{3-9}$$

式中:W_9——单片梁体重量(kN);

$\quad W_{10}$——每根桩端头承台混凝土重量(kN);

$\quad W_{11}$——单根钻孔桩自重(单层或双层)(kN);

$\quad W_{12}$——在存梁区,梁体的施工荷载(kN);

$\quad n$——单端桩的根数;

K——安全系数，$K=1.1$；

P_1——单层存梁每根桩所承载的压力（kN）；

$[P]$——单根桩的轴向容许承载力（kN）。

$$W_{s4} = 2W_9 + 2nW_{10} + 2nW_{11} + W_{12} \tag{3-10}$$

$$P_2 = \frac{KW_{s4}}{2n} \leqslant [P] \tag{3-11}$$

式中：P_2——双层存梁每根桩所承载的压力（kN）；

其余同单层存梁。

2.2.3 台座基础容许承载力计算

《铁路桥涵地基和基础设计规范》（TB 10093—2017）指出：单桩的轴向容许承载力应分别按桩身材料强度和岩土的阻力进行计算，取其较小者。按岩土的阻力确定的单桩容许承载力可按下列各式计算。

1）摩擦桩轴向受压的容许承载力

（1）打入、振动下沉和桩尖爆扩桩的容许承载力

$$[P] = \frac{1}{2}(U\sum\alpha_i f_i l_i + \lambda A R\alpha) \tag{3-12}$$

式中：$[P]$——桩的容许承载力（kN）；

U——桩身截面周长（m）；

l_i——各土层厚度（m）；

A——桩底支承面积（m）；

α_i、α——振动沉桩对各土层桩周摩阻力和桩底承压力的影响系数（表3-1），对于打入桩其值为1.0；

λ——系数，见表3-2；

f_i、R——桩周土的极限摩阻力（kPa）和桩尖土的极限承载力（kPa），可根据土的物理性质查表3-3和表3-4。

振动沉桩影响系数 α_i、α 表3-1

桩径或边宽（m）	砂类土	粉土	粉质黏土	黏土
$d \leqslant 0.8$	1.2	0.9	0.7	0.6
$0.8 < d \leqslant 2.0$	1.0	0.9	0.7	0.6
$d > 2.0$	0.9	0.7	0.6	0.5

系数 λ 表3-2

D_p/d	桩尖爆扩体处土类			
	砂类土	粉土	粉质黏土（$I_L = 0.5$）	黏土（$I_L = 0.5$）
1.0	1.0	1.0	1.0	1.0
1.5	0.95	0.85	0.75	0.70
2.0	0.90	0.80	0.65	0.50
2.5	0.85	0.75	0.50	0.40
3.0	0.80	0.60	0.40	0.30

注：d 为桩身直径，D_p 为爆扩桩的爆扩体直径。

土类	状态	桩周土极限摩阻力 f_i（kPa）
黏性土	$1 \leqslant I_L < 1.5$	$15 \sim 30$
	$0.75 \leqslant I_L < 1$	$30 \sim 45$
	$0.5 \leqslant I_L < 0.75$	$45 \sim 60$
	$0.25 \leqslant I_L < 0.5$	$60 \sim 75$
	$0 \leqslant I_L < 0.25$	$75 \sim 85$
	$I_L < 0$	$85 \sim 95$
粉土	稍密	$20 \sim 35$
	中密	$35 \sim 63$
	密实	$65 \sim 80$
粉、细砂	稍松	$20 \sim 35$
	稍、中密	$35 \sim 65$
	密实	$65 \sim 80$
中砂	稍、中密	$55 \sim 75$
	密实	$75 \sim 90$
粗砂	稍、中密	$70 \sim 90$
	密实	$90 \sim 105$

桩尖土的极限承载力 表3-4

土类	状态	桩尖土极限承载力 R（kPa）		
		$h'/d < 1$	$1 \leqslant h'/d < 4$	$h'/d \geqslant 4$
黏性土	$1 \leqslant I_L$	1000		
	$0.65 \leqslant I_L < 1$	1600		
	$0.35 \leqslant I_L < 0.65$	2200		
	$I_L < 0.35$	3000		
粉土	中密	1700	2000	2300
	密实	2500	3000	3500
粉砂	中密	2500	3000	3500
	密实	5000	6000	7000
细砂	中密	3000	3500	4000
	密实	5500	6500	7500
中、粗砂	中密	3500	4000	4500
	密实	6000	7000	8000
圆砾土	中密	4000	4500	5000
	密实	7000	8000	9000

注：h' 为桩尖进入持力层的深度（不包括桩靴），d 为桩的直径或边长，h'/d 为桩尖进入持力层的相对深度。

（2）钻（挖）孔灌注桩的容许承载力

$$[P] = \frac{1}{2} U \sum f_i l_i + m_0 A [\sigma] \tag{3-13}$$

式中: [P]——桩的容许承载力(kN);

U——桩身截面周长(m),按成孔桩径计算,通常钻孔桩的成孔桩径按钻头类型分别比设计桩径(即钻头直径)增大下列数值:旋转锥为 30~50mm;冲击锥为 50~100mm;冲抓锥为 100~150mm;

f_i——各土层的极限摩阻力(kPa),按表3-5采用;

l_i——各土层的厚度(m);

A——桩底支承面积(m^2),按设计桩径计算;

[σ]——桩底地基土的容许承载力(kPa);

m_0——桩底支承力折减系数。钻孔灌注桩桩底支承力折减系数可按表3-6采用;挖孔灌注桩桩底支承力折减系数可根据具体情况确定,一般可取 $m_0 = 1.0$。

钻孔灌注桩的极限摩阻力 f_i 表3-5

土类	土性状态	极限摩阻力(kPa)
软土		12~22
黏性土	流塑	20~35
	软塑	35~55
	硬塑	55~75
粉土	中密	30~55
	密实	55~70
粉砂、细砂	中密	30~55
	密实	55~70
中砂	中密	45~70
	密实	70~90
粗砂、砾砂	中密	70~90
	密实	90~150
圆砾土、角砾土	中密	90~150
	密实	150~220
碎石土、卵石土	中密	150~220
	密实	220~420

注:1. 漂石土、块石土极限摩阻力可采用 400~600kPa。

    2. 挖孔灌注桩的极限摩阻力可参照本表采用。

钻孔灌注桩桩底支承力折减系数 m_0 表3-6

土质及清底情况	m_0		
	$5d < h \leqslant 10d$	$10d < h \leqslant 25d$	$25d < h \leqslant 50d$
土质较好,不易坍塌,清底良好	0.9~0.7	0.7~0.5	0.5~0.4
土质较差,易坍塌,清底稍差	0.7~0.5	0.5~0.4	0.4~0.3
土质差,难以清底	0.5~0.4	0.4~0.3	0.3~0.1

2)柱桩轴向受压的容许承载力

(1)支承于岩石层上的打入桩、振动下沉桩(包括管柱)的容许承载力:

$$[P] = CRA \tag{3-14}$$

式中:[P]——桩的容许承载力(kN);

　　　　R——岩石单轴抗压强度(kPa);

　　　　C——系数,匀质无裂缝的岩石层采用 $C = 0.45$;有严重裂缝的、风化的或易软化的岩石层采用 $C = 0.30$;

　　　　A——桩底面积(m^2)。

(2)支承于岩石层上与嵌入岩石层内的钻(挖)孔灌注桩及管桩的容许承载力:

$$[P] = R(C_1 A + C_2 Uh) \tag{3-15}$$

式中:[P]——桩及管桩的容许承载力(kN);

　　　　U——嵌入岩石层内的桩及管桩的钻孔周长;

　　　　h——自新鲜岩石面(平均高程)算起的嵌入深度;

　　C_1、C_2——系数,根据岩石层破碎程度和清底情况确定,按表3-7采用;

　　其余符号意义同前。

系数 C_1、C_2　　　　　　　　　　　　　　表3-7

岩石层及清底情况	C_1	C_2
良好	0.5	0.04
一般	0.4	0.03
较差	0.3	0.02

2.3 工程检算案例

2.3.1 工程概况

某制梁场占地面积约187.8亩,位于线路右侧。制梁场承担 DK285+903~DK306+829.56 范围内642孔箱梁预制、架设工程,其中32m箱梁628孔,24m箱梁14孔。制梁场中心里程为 DK296+538.528,箱梁供应某特大桥。

制梁场采用横向布置、搬运机搬梁方式,制梁场主要包括钢筋加工区、砂石料场、拌和站、制梁台座、存梁台座、生活办公区。箱梁模板采用整体式钢模板,外侧模与底模按1:1配置,内模采用液压结构;梁体底、腹板钢筋和顶板钢筋分别在专用绑扎胎模上集中预扎,采用整体吊装方案;混凝土采用三套拌和站生产,输送泵加布料机布料浇筑方式,一次浇筑成型,冬季施工采用蒸汽养生混凝土;箱梁初张拉后用搬运机搬运至存梁区,终张拉后灌浆、封锚。

2.3.2 施工工艺

后张法箱梁预制施工工艺流程如图3-17所示。

2.3.3 台座结构

制梁台座:单端各设置两根长31m钻孔桩,桩基础上设置长(5.7m)×宽(2.5m)×高(1.5m)承台,中间双U形条形基础,条形基础与承台隔开,桩长31m,直径1.0m,如图3-18~图3-20所示。

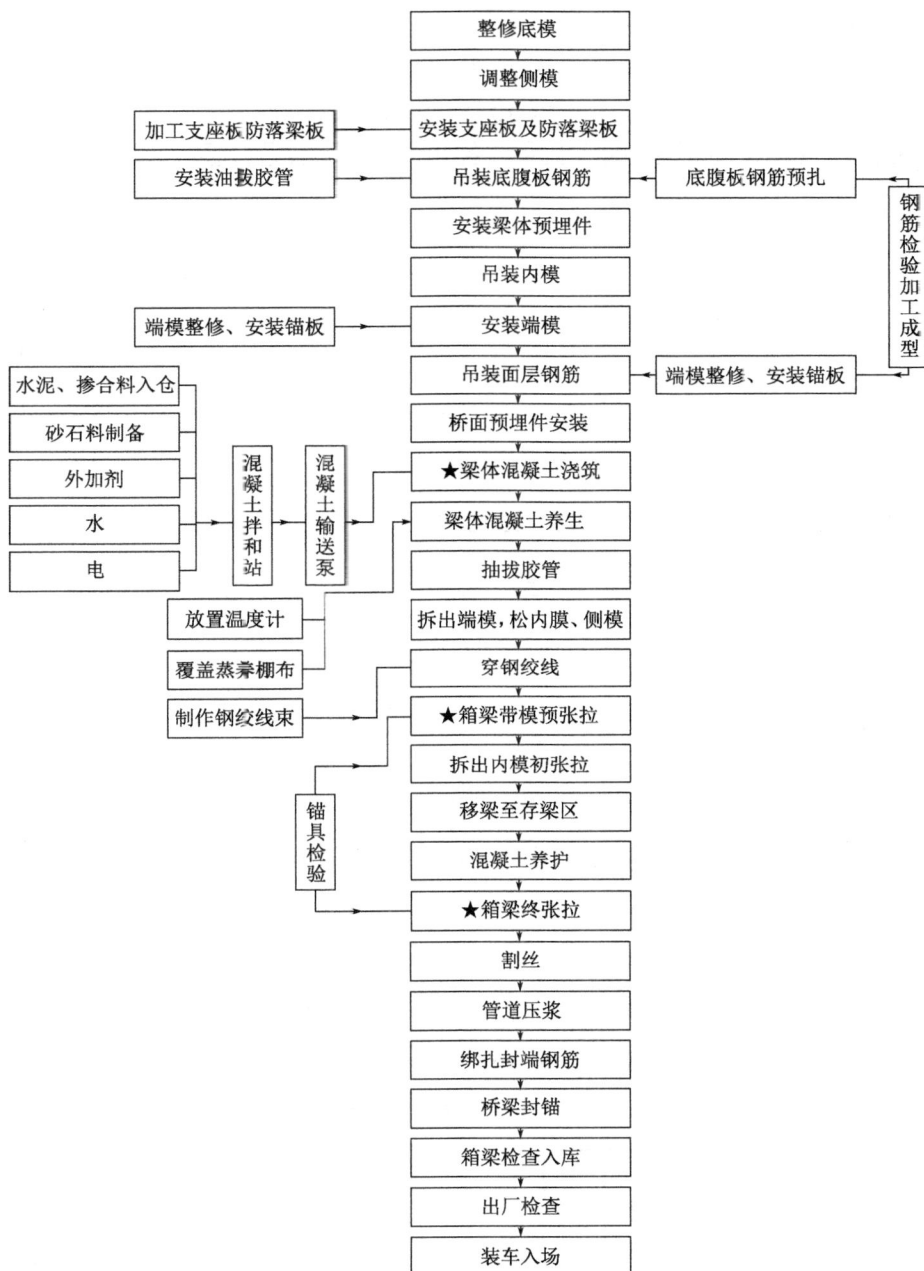

图 3-17 后张法箱梁预制施工工艺流程图

注:"★"为关键工序。

　　存梁台座:单端设置两根钻孔桩,在桩头设置一个独立的承台,作为支撑垫石的平台,对桩基只承受竖直荷载,只需对桩基承载力进行计算,单层存梁桩长 28m,直径 1.0m;双层存梁桩长 42m,直径 1.2m。

图中标注：

3400

3150

32m双线箱梁

B

5cm断缝

条形基础

5cm断缝

C

0.3m

A

250

90

50

30cm厚级配碎石垫层

B

2890

60

30

端部承台

250

A

端部承台

3100

100

模型撑杆基础

375

3150

30

60

30

195

φ100

30

195

60

375

A-A断面图

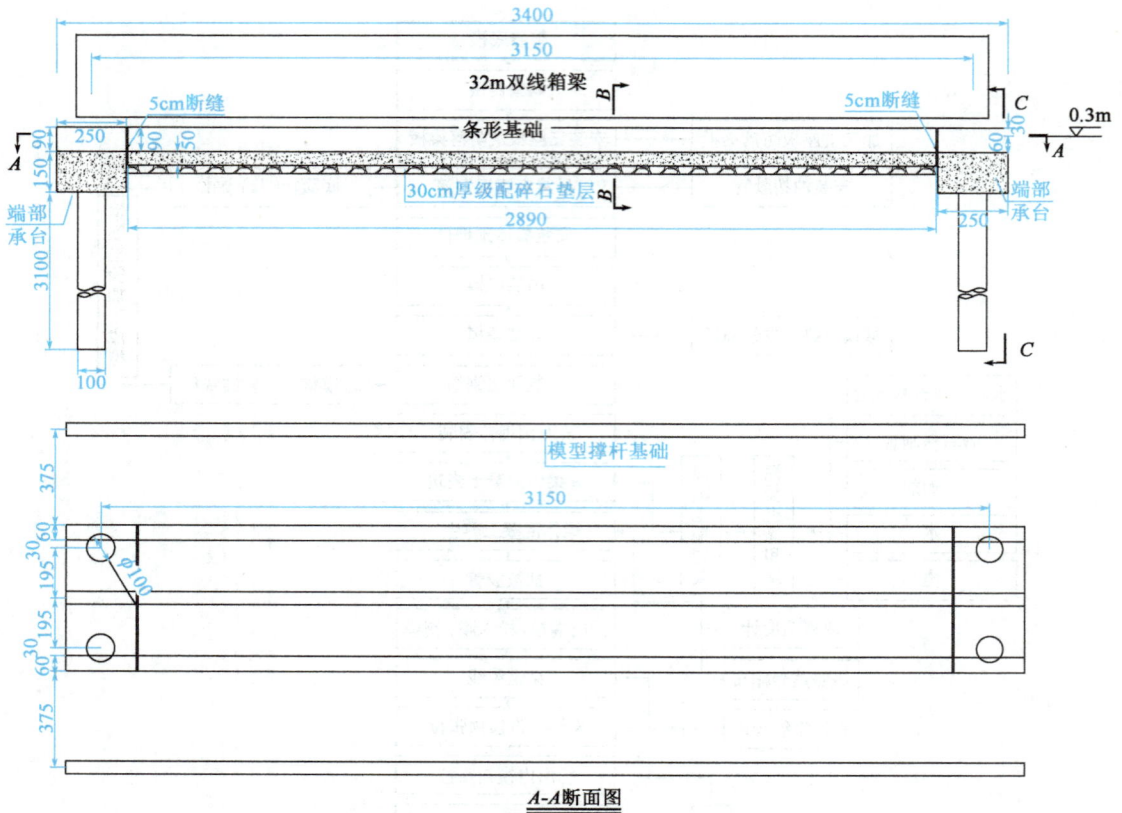

图3-18　制梁台座布置图(尺寸单位:cm)

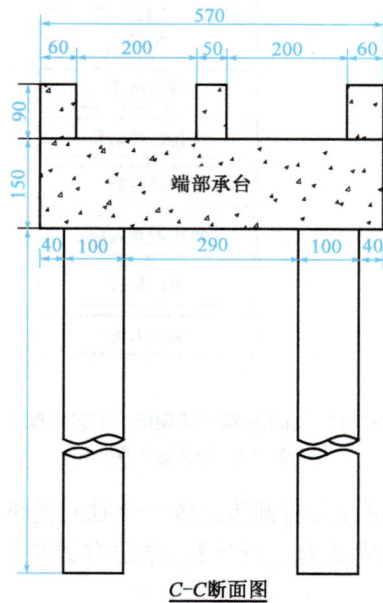

570

60

200

50

200

60

90

150

端部承台

40

100

290

100

40

C-C断面图

图3-19　桩基础承台(尺寸单位:cm)

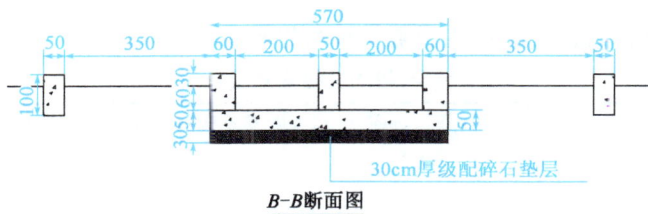

图 3-20 凵间双 U 形条形基础(尺寸单位:cm)

2.3.4 台座检算

1)制梁台座基础检算

(1)荷载确定

①单片梁体自重 $P_1 = 9000 \text{kN}$;

②制梁过程中内模型和底模共重 $P_2 = 3000 \text{kN}$;

③施工荷载 $P_3 = 500 \text{kN}$;

④混凝土重度 25kN/m^3;

⑤根据地质勘测报告:地基土的承载力为 $[\sigma] = 120 \text{kPa}$。

(2)受力计算

①张拉前。

单片梁体自重 $W_1 = 9000 \text{kN}$;

梁体内、外模的质量合计重 $W_2 = 3000 \text{kN}$;

施工荷载取 $W_3 = 500 \text{kN}$;

双 U 形基础自重 $W_4 = 28.9 \times (0.5 \times 5.7 + 0.9 \times 1.7) \times 25 = 3165 \text{(kN)}$;

张拉前基础整体受力(长 32.6m,宽 5.7m),取安全系数 1.2,由式(3-5)得:

$$\sigma = \frac{1.2 \times (9000 + 3000 + 500 + 3165)}{32.6 \times 5.7} = 101.2 \text{(kPa)} < [\sigma] = 120 \text{kPa}$$

可见,地基土的承载力满足条件。

②张拉后。

张拉后,由于梁体上拱,由制梁台座两端局部受压。

a. 荷载计算。

以制梁台座一端为对象进行计算:

单片梁每一端重 $W_5 = 9000/2 = 4500 \text{(kN)}$。

外模合计重 $W_{模} = 1500 \text{kN}$,平均分配到地基上,未在制梁台座上。

施工荷载每一端重 $W_6 = 500/2 = 250 \text{(kN)}$。

单端存台自重 $W_7 = 25 \times 1.5 \times 5.7 \times 2.5 = 534 \text{(kN)}$。

单根钻孔桩自重 $W_8 = 25 \times 3.14 \times 0.5^2 \times 31 = 608.4 \text{(kN)}$。

取安全系数 1.1,单根桩所承载的荷载值,由式(3-7)得:

$$P = \frac{1.1 \times (4500 + 250 + 534 + 2 \times 608.4)}{2} = 3575 \text{(kN)}$$

b. 桩基承载力检算。

根据地质勘察报告,桩端、桩周的极限承载力见表3-8。

桩端、桩周的极限承载力

表3-8

层次	土类	厚度(m)	桩端极限承载力(kPa)	桩周极限摩阻力(kPa)
1	粉土	3.5	0	38
2	粉质黏土	1.5	0	35
3	粉土	2.5	0	40
4	粉质黏土	5.0	0	35
5	粉土	3.0	0	38
6	黏土	2.7	0	40
7	粉土	6.7	750	45
8	黏土	5.3	750	47
9	粉土	2.7	800	50
10	粉质黏土	2.4	800	45
11	粉土	4.7	900	55

注:第11工程地质层钻孔40m未揭穿,桩长超出部分按第11层参数计算。

单根桩基的承载力:

$$[P] = 0.8 \times (U\sum \alpha_i f_i l_i + \lambda A R\alpha)$$
$$= 0.8 \times [3.14 \times 1 \times (3.5 \times 38 + 1.5 \times 35 + 2.5 \times 40 + 5 \times 35 + 3 \times 38 + 2.7 \times 40 +$$
$$6.7 \times 45 + 5.3 \times 47 + 0.8 \times 50) + 3.14 \times 0.5^2 \times 800] = 3700(kN) > P_z = 3575kN$$

可见,设置桩径为1m、长31m的钻孔桩基础能满足承载力要求。

2)存梁台座基础检算

(1)荷载确定

①单片梁体自重 $P_1 = 9000kN$;

②制梁过程中内模型和底模共重 $P_2 = 3000kN$;

③施工荷载 $P_3 = 500kN$。

(2)受力计算

①荷载计算。

单片梁体自重 $W_9 = 9000kN$;

每根桩端头承台混凝土重 $W_{10} = 25 \times 1.5 \times 1.5 \times 1.5 = 84(kN)$;

单层时,单根钻孔桩自重 $W_{11} = 25 \times 3.14 \times 0.5^2 \times 28 = 550(kN)$;

双层时,单根钻孔桩自重 $W_{11} = 25 \times 3.14 \times 0.6^2 \times 42 = 1187(kN)$;

在存梁区,梁体的施工荷载 $W_{12} = 50kN$;

单层存梁时,每根桩所承载的压力,取安全系数为1.1,由式(3-9)得:

$$P_1 = \frac{1.1 \times (9000 + 2 \times 2 \times 84 + 2 \times 2 \times 550 + 50)}{2 \times 2} = 3186(kN)$$

双层存梁时,每根桩所承载的压力,取安全系数为1.1,由式(3-11)得:

$$P_2 = \frac{1.1 \times (2 \times 9000 + 2 \times 2 \times 84 + 2 \times 2 \times 1187 + 50)}{2 \times 2} = 6362(kN)$$

②桩基承载力检算。

a. 单层存梁判断。

$$[P] = 0.8 \times \left(U\sum\alpha_i f_i l_i + \lambda AR\alpha \right) = 0.8 \times [\, 3.14 \times 1 \times (3.5 \times 38 + 1.5 \times 35 +$$
$$2.5 \times 40 + 5 \times 35 + 3 \times 38 + 2.7 \times 40 + 6.7 \times 45 + 3.1 \times 47) + 3.14 \times 0.5^2 \times 750\,]$$
$$= 3309(\text{kN}) > P_1 = 3186\text{kN}$$

可见,设置长 28m、直径为 1m 的桩能满足 32m 梁体单层存梁荷载要求。

b. 双层存梁判断。

$$[P] = 0.8 \times \left(U\sum\alpha_i f_i l_i + \lambda AR\alpha \right) = 0.8 \times [\, 3.14 \times 1.2 \times (3.5 \times 38 + 1.5 \times 35 +$$
$$2.5 \times 40 + 5 \times 35 + 3 \times 38 + 2.7 \times 40 + 6.7 \times 45 + 5.3 \times 47 + 2.7 \times 50 + 2.4 \times 45 + 6.7 \times 55) +$$
$$3.14 \times 0.6^2 \times 900\,]$$
$$= 6374(\text{kN}) > P_2 = 6362\text{kN}$$

可见,设置长 42m、直径为 1.2m 的桩能满足 32m 双层存梁荷载要求。

实训项目

学生通过本实训项目范列的学习,能够使用计算软件绘制出钢横梁的内力图,对下列各项目进行训练:

(1)钢横梁的强度检算;

(2)钢横梁的刚度检算。

在本实训项目中,采用相邻传力柱最大跨径为 304.5cm 计算,钢横梁检算的结构形式按 6 跨连续梁考虑,如图 3-21 所示,使用 MIDAS Civil 或 ANSYS 计算软件进行检算。

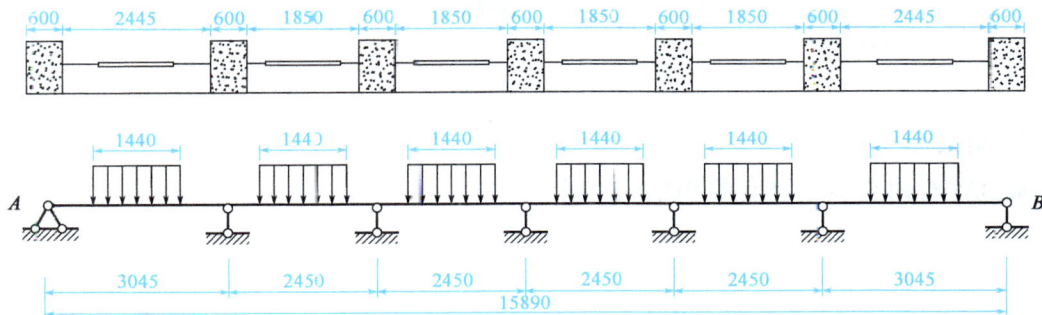

图 3-21 台座钢横梁计算简图(尺寸单位:mm)

各个槽内的均布荷载:

$$q = \frac{1.3 \times 3102.48 \times 10^3}{1.44 \times 10^3} = 2800.85(\text{N/mm})$$

1)强度检算

使用计算软件 MIDAS Civil 绘制的弯矩图如图 3-22 所示。

故跨中最大弯曲应力:

$$\sigma_{\text{max}} = \frac{M_{\text{max}}}{W} = \frac{1655.85 \times 10^6}{3.8132 \times 10^6} \times \frac{600}{2} = 130.27(\text{MPa}) < [\sigma] = 205\text{MPa},\text{强度满足要求。}$$

MIDAS Civil 绘制的剪力图如图 3-23 所示。

故最大剪应力:

$$\tau_{\text{max}} = \frac{3}{2} \cdot \frac{Q_{\text{max}}}{A} = \frac{1.5 \times 2560.40 \times 10^3}{63108.7} = 60.86(\text{MPa}) < [\tau] = 125\text{MPa},\text{强度满足要求。}$$

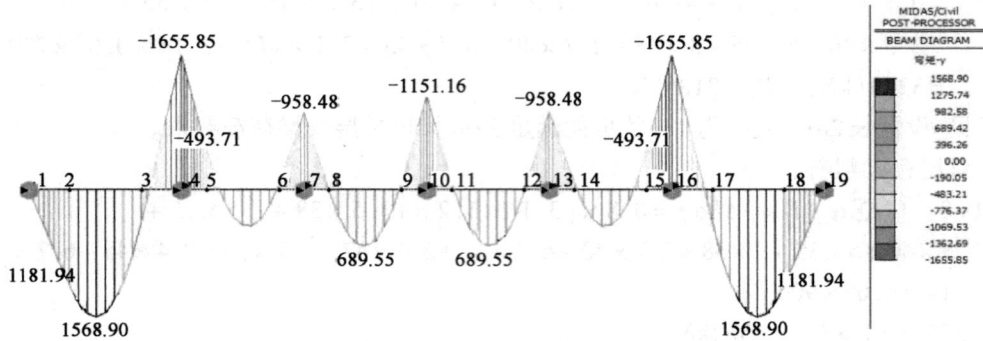

图 3-22　弯矩图

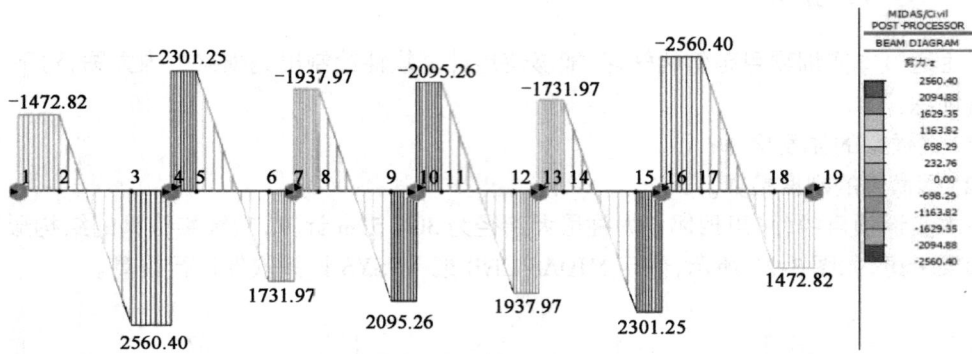

图 3-23　剪力图

2）刚度检算

MIDAS Civil 绘制的挠度图如图 3-24 所示。

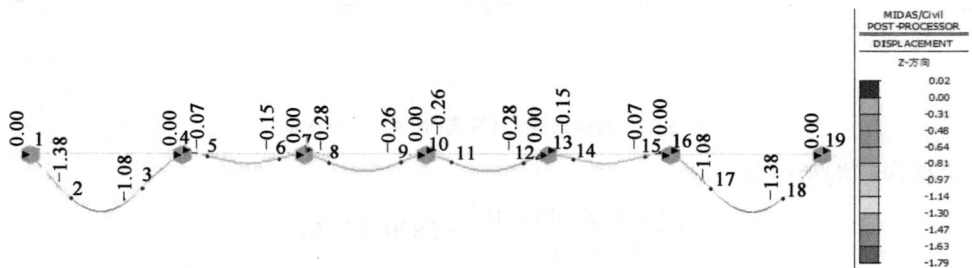

图 3-24　挠度图

故最大挠度：

$$f = 1.79\text{mm} < \frac{l}{400} = \frac{3045}{400} = 7.61(\text{mm})$$，刚度满足要求。

拓展知识

无黏结预应力技术：无黏结预应力技术和后张法相似，但是预应力筋与混凝土不直接接触，与被施加预应力的混凝土之间可保持相对滑动，处于无黏结的状态，预应力全部由两端的锚具传递。无黏结预应力筋是带防腐隔离层和外护套的专用预应力筋,可以是钢绞线、钢丝束或其他高强预应力钢筋。外护套一般是用高密度聚乙烯挤塑成型的塑料管,塑料管与钢筋之间采用防锈、防腐润滑油脂涂层。

无黏结预应力混凝土已在国内外建筑工程中得到广泛应用,近年来,无黏结预应力技术又有了新的发展,特别在大柱网、大跨度的无梁楼盖中应用越来越广泛。

体外预应力加固技术:体外预应力加固技术作为结构加固最有效的手段之一,目前正广泛地应用于旧桥加固方面。它使用完全位于构件主体截面以外的预应力束来对构件施加预应力的结构体系。体外预应力结构的概念最早产生于法国,体外预应力体系是后张预应力体系的重要分支之一。

FEA:FEA 是 Finite Element Analysis 的简写,即有限元分析。FEA 是对于结构力学分析迅速发展起来的一种现代计算方法。有限元方法已经应用于土建、桥梁、水工、机械、电机、冶金、造船、飞机、导弹、宇航、核能、地震、物探、气象、渗流、水声、力学、物理学等几乎所有的科学研究和工程技术领域。

基于有限元分析(FEA)算法编制的软件,即所谓的有限元分析软件。经过了几十年的发展和完善,各种专用的和通用的有限元软件已经使有限元方法转化为社会生产力。常见通用有限元软件包括 LUSAS、MSC、ANSYS、abaqus、ALGOR、Femap/NX Nastran、hypermesh、COMSOL Multiphysics、FEPG 等。有限元分析软件目前最流行的有:ANSYS、ADINA、ABAQUS、MSC 四个比较知名的公司。

项目小结

(1)先张法一般用于预制构件厂生产定型的中小型构件,可采用台座法和机组流水法生产。先张法台座由台面、横梁和承力结构等组成,包括墩式台座、槽式台座。

(2)墩式台座由台墩、台面与横梁等组成,台墩和台面共同承受拉力;槽式台座由台面、传力柱、横梁、系梁组成。槽式台座既可承受拉力,又可作蒸汽养护槽,适用于张拉吨位较高的大型构件。

(3)槽式台座需进行强度和稳定性检算。传力柱的强度按钢筋混凝土结构单向偏心受压构件进行检算。

(4)偏心受力构件类型包括单向偏心受力构件、双向偏心受力构件。单向偏心受力构件:纵向力作用点仅对构件截面的一个主轴有偏心距。偏心受力构件破坏形态有大偏心受压破坏(受拉破坏)、小偏心受压破坏(受压破坏)。大、小偏心受压构件判别条件:当 $\xi \leqslant \xi_b$ 时,为大偏心受压;当 $\xi > \xi_b$ 时,为小偏心受压。

(5)制梁台座主要由三部分组成:连续墙、地基板(梁板式基础)和桩基础,有时制梁台座两端为钢筋混凝土扩大基础。单桩的轴向容许承载力应分别按桩身材料强度和岩土的阻力进行计算,取其较小者。

(6)制梁台座受力有两个阶段:一是在浇筑期,即混凝土浇筑后初张拉前,梁体自重、台座自重、模板自重及施工荷载均布作用于地基之上;二是预应力张拉之后,由于梁体中部起拱后脱离了底模,梁及部分模板自重作用于两端台座上(相当于单层存梁台座),制梁台座两端局部受压。

(7)台座基础容许承载力计算:单桩的轴向容许承载力应分别按桩身材料强度和岩土的阻力进行计算,取其较小者。

复习思考题

1. 简述先张法台座的组成及主要适用范围。
2. 简述槽式台座的组成情况。
3. 简述制梁台座与存梁台座的主要组成。
4. 台座基础容许承载力是如何计算的？
5. 传力柱检算包括哪些内容？
6. 钢横梁检算包括哪些内容？
7. 传力柱承载力检算按照单筋矩形截面梁还是按照双筋矩形截面梁进行？为什么？
8. 求解钢横梁横截面惯性矩时，是否用到平行移轴公式？为什么？
9. 在任务1中，检算为何采用最大跨径的相邻传力柱？
10. 制梁台座、存梁台座的结构构造有何特点？
11. 在后张法中，预应力筋张拉后制梁台座的中部和两端所承受的梁体压力大小有何特点？
12. 钢横梁的结构形式具有哪些特点？
13. 根据计算简图，钢横梁是静定结构还是超静定结构？如果是后者，那么是几次超静定？
14. 台座桩基础承载力的计算依据是什么？
15. 根据施工工艺流程图回答模板安装与混凝土浇筑之间的顺序关系。
16. 试解释张拉后制梁台座单端总荷载为何没有包含模板重量。

项目4　悬浇挂篮墩梁临时固结检算

项目描述

本项目介绍了预应力混凝土连续梁墩梁临时固结结构的要求及类型。

在工程检算案例中,对0号块T构临时固结结构(墩身范围内、外固结)进行了混凝土强度、抗倾覆能力的检算。

学习目标

1.能力目标

(1)能够确定墩梁临时固结内力的能力;

(2)能够进行临时固结结构的抗倾覆检算;

(3)能够编制检算书。

2.知识目标

(1)掌握体内、外固结,体内外组合固结的临时固结形式;

(2)掌握组合变形的强度计算公式。

任务 1 T 构体内固结检算

1.1 工作任务

通过本任务的学习,能够进行以下项目的检算:

(1)临时固结结构混凝土的强度检算;

(2)临时固结结构的抗倾覆检算。

1.2 相关配套知识

1.2.1 有关概念解释

连续梁:沿梁长方向有三处或三处以上由支座支承的梁。

连续刚构:梁与中间墩刚性连接的连续梁结构。

悬臂浇筑法:在桥墩两侧设置工作平台,平衡地逐段向跨中悬臂浇筑混凝土梁体,并逐段施加预应力的施工方法。

0 号梁段:包括墩顶梁段和安装挂篮前的悬臂梁段,应采用在托(支)架上立模规浇施工,如图 4-1 所示。

图 4-1 0 号梁段

支架:墩(台)顶梁段及附近梁段施工时,根据墩(台)高度、承台形式和地形情况分别支承在地面上、承台上的用型钢或万能杆件等拼制的支架,如图 4-2 所示。

托架:墩顶梁段及附近梁段施工时,利用墩身预埋件与型钢或万能杆件拼制连接而成的支架,如图 4-3 所示。

挂篮:悬臂浇筑斜拉、刚构、连续梁等混凝土梁时,用于承受施工荷载及梁体自重,能逐段向前移动经特殊设计的主要工艺设备。主要组成部分有承重系统、提升系统、锚固系统、行走系统、模板及支架系统,如图 4-4 所示。

悬臂浇筑施工方法适用条件:适合跨越江河、深谷、交通道路、桥位地质不良等条件下的高墩、大跨度混凝土连续梁(刚构)。连续梁(刚构)悬臂浇筑的一般施工工艺如下:

（1）墩顶梁段与桥墩实施临时固结（连续刚构墩顶梁段与桥墩整体浇筑）形成 T 构施工单元；

（2）采用挂篮在 T 构两侧按设计梁段长度，对称浇筑混凝土；

（3）在梁段混凝土达到设计要求的强度、弹性模量及养护龄期后施加预应力；

（4）将挂篮前移进行下一梁段施工，直到 T 构两侧全部对称梁段浇筑完成；

（5）边跨非对称梁段一般采用支架法现浇施工；

（6）按设计要求合龙顺序进行合龙梁段现浇施工；

（7）实现梁体结构体系转换，使全桥连接成为连续结构（刚构）。

图 4-2 0 号梁段支架

图 4-3 0 号梁段托架

图 4-4 挂篮

施工荷载：施工阶段为验算桥梁结构或构件安全度所考虑的临时荷载，如结构重力、施工设备、人群、风力、拱桥单向推力等。

1.2.2　临时固结要求

《铁路预应力混凝土连续梁（刚构）悬臂浇筑施工技术指南》（TZ 324—2010）有以下相关规定：

（1）混凝土连续梁临时支座（临时固结支座）既要求能在永久支座不承受压力情况下承受梁体压力和施工过程中不平衡弯矩，又要求在承受荷载情况下容易拆除，宜采用在桥墩顶面永久支座两侧对称设置临时支座方式支撑悬臂浇筑梁体。当因桥墩长度较短或 0 号梁段悬臂较长时，可采用在桥墩纵向两侧设置临时支墩方式支撑悬臂浇筑梁体，其抗倾覆稳定系数不得小于 1.5。

（2）连续梁墩顶临时支座，应对称设置在永久支座两侧的箱梁腹板处。每一桥墩上设置临时支座的数量、承载能力及结构尺寸等，应根据梁底宽度及腹板数量经设计计算确定（一般设置 4 个临时支座）。

（3）墩顶临时支座应在 0 号梁段立模前安装完毕，每一墩顶的各临时支座顶面高程应符合设计要求。

（4）墩顶临时支座可采用强度等级不小于 C40 钢筋混凝土块或在上下两块钢筋混凝土块中间夹垫厚度约为 10cm 硫磺砂浆结构。

（5）墩顶临时支座，应按设计要求设置钢筋或型钢使其与梁、墩相连接。桥墩施工时设按设计要求准确预埋竖向连接钢筋、设置水平钢筋网，确保墩顶梁段与桥墩的临时固结符合设计要求。

（6）墩顶梁段与桥墩的临时固结，当设计采用在桥墩内设置锚固钢筋与梁体实施预应力张拉连接时，桥墩施工时应按设计要求准确定位预埋竖向连接钢筋，竖向连接钢筋安装的隔离套管应严密不漏浆。

1.2.3　临时固结结构

墩梁临时固结（T 构）的结构方式，对墩身来说，可以分为墩身范围内固结、墩身范围外固结和墩身范围内外组合固结的方式，如图 4-5 所示。墩身范围内固结方式是在墩顶设置临时支墩和抗倾覆锚固索；墩身范围外固结方式是在墩身外设置临时支撑柱和抗倾覆锚固索。抗倾覆锚固索可采用预埋粗钢筋锚、精轧螺纹钢筋以及预应力钢绞线。墩身范围内外组合固结方式是上述两种方式的有机组合。

墩梁临时固结（T 构）结构是由临时支撑和临时锚固索两部分组成的组合结构，即具有支撑和反拉锚固的双重作用。墩梁临时固结（T 构）结构必须形成刚性体系，能承受中支点处最大不平衡弯矩、竖向支点反力以及曲线向心倾覆弯矩。

微课：临时固结的类型和构造

动画：临时固结的类型与构造

墩身范围内固结是在墩身顶面与箱梁底部设置刚性连接结构。刚性连接结构大多为钢筋混凝土临时支墩和锚固钢筋。临时支座布置在墩顶周边位置，一般宽度为 0.6m 左右、高度为 0.5～0.7m，采用 C30～C55 钢筋混凝土。连续梁与墩身固结采用预埋粗钢筋或者粗预应力钢筋。锚固钢筋下端预埋在墩身内、上端预埋在 0 号梁段内。粗钢筋一般采用 $\phi25$ 或 $\phi32$ 螺纹钢筋，预应力钢筋一般采用 $\phi32$ 轧丝锚或精轧螺纹钢筋。若采用预应力

钢筋时,钢筋在穿过 0 号梁段的梁身一段,需要对锚固钢筋增设隔离套管,以便施加预应力时自由伸缩。预应力锚固筋等待 0 号梁段混凝土强度达到设计强度后预施锚固力,使 0 号梁段与墩身锁固成一体。

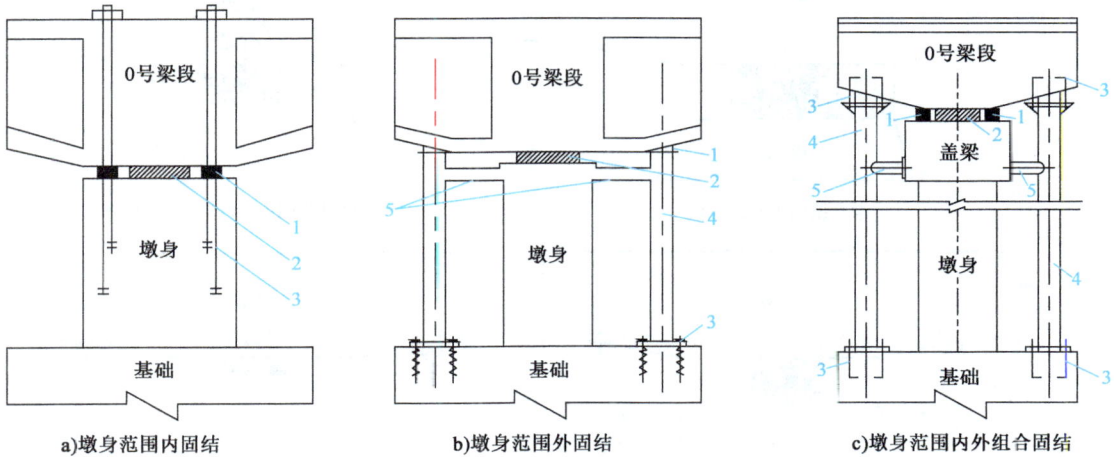

图 4-5　墩梁临时固结方式
1-临时支座;2-永久支座;3-锚固筋;4-钢管支撑柱;5-水平钢管支撑

1.2.4　临时固结计算

微课:临时固结强度检算

按《铁路预应力混凝土连续梁(刚构)悬臂浇筑施工技术指南》(TZ 324—2010)的要求:临时固结支座能在永久支座不承受压力情况下承受梁体压力 N 和施工过程中不平衡弯矩 $M_倾$,可采用在桥墩顶面永久支座两侧对称设置临时支座方式支撑悬臂浇筑梁体,如图 4-6a)、图 4-6b) 所示;当桥墩长度较短或 0 号梁段悬臂较长时,可采用在桥墩纵向两侧设置临时支墩支撑悬臂浇筑梁体,如图 4-6c)、图 4-6d) 所示。

根据平面力系平衡条件:

$$\begin{cases} \sum Y = 0 \\ \sum M = 0 \end{cases} \Rightarrow \begin{cases} R_A + R_B = N \\ M_倾 + 2LR_A = LN \end{cases} \tag{4-1}$$

所以有:

$$\begin{cases} R_A = \dfrac{LN - M_倾}{2L} \\ R_B = \dfrac{LN + M_倾}{2L} \end{cases} \tag{4-2}$$

不平衡弯矩 $M_倾$ 的计算,可参考以下因素:

(1)T 构一侧混凝土自重超灌 5%;

(2)T 构两侧施工荷载摆放不均,一侧为 3.216kN/m,另一侧为 6.432 kN/m;

(3)T 构两侧节段混凝土浇筑不同步,偏差 20t 以下;

(4)T 构一侧风力向下吹(或另一侧向上吹) $W = 800Pa$;

(5)挂篮考虑重力系数一侧为 1.2,另一侧为 0.8;

（6）挂篮不同步走行，考虑挂篮的自重。

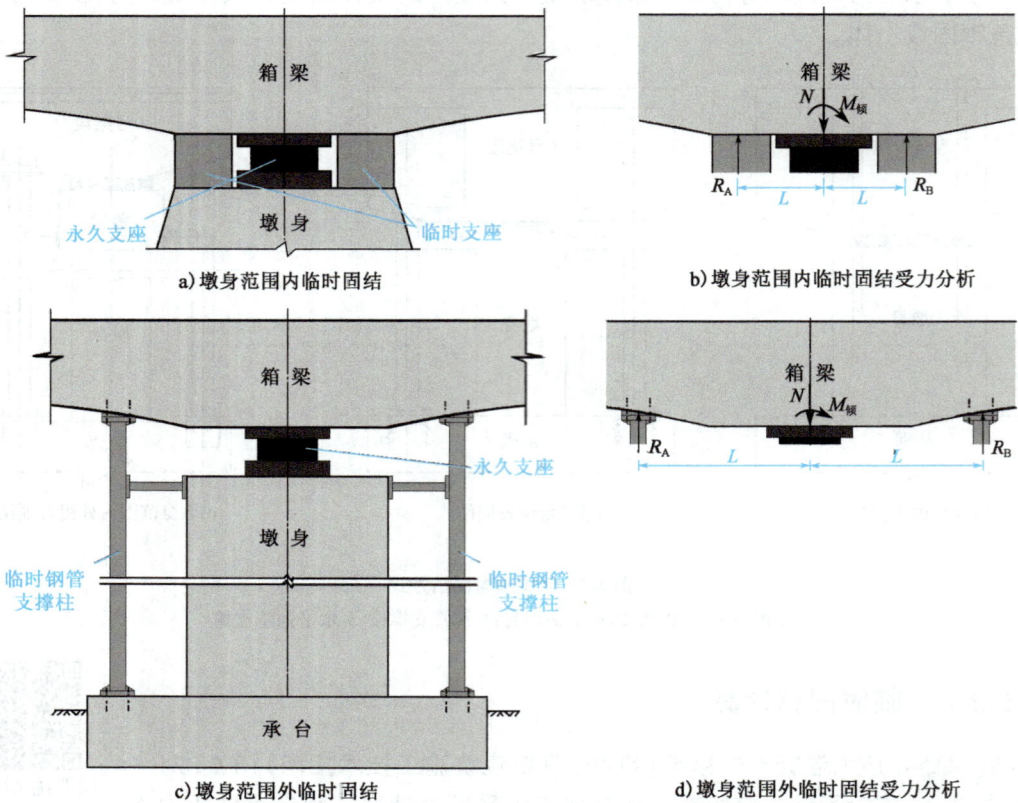

a) 墩身范围内临时固结

b) 墩身范围内临时固结受力分析

c) 墩身范围外临时固结

d) 墩身范围外临时固结受力分析

图 4-6　0 号梁段临时固结及受力分析

墩梁 T 构倒塌的最大倾覆弯矩是挂篮悬臂到最后节段时，挂篮连同未凝固混凝土一起坠落。此倾覆弯矩对临时支座会产生拉应力，应该设置抗拉锚固钢筋。

1.3　工程检算案例

本任务的工程案例是关于某特大桥连续梁 T 构临时固结检算。

1.3.1　工程概况

某特大桥 60m + 100m + 60m 连续梁为预应力钢筋混凝土结构，施工里程为 DK13 + 996.02 ～ DK14 + 217.82，全长 221.8m。

梁体为单箱单室，变高变截面结构。梁顶板宽度为 12.2m，合龙段截面梁高均为 4.604m，底板厚度为 40cm，腹板厚度为 60cm，梁顶板厚度为 35.4cm。合龙段长度均为 2m，边跨合龙段混凝土体积为 25.018m³，重 65.046t，中跨合龙段体积为 38.818m³，重 100.92t。

0 号块长度为 14m，边跨现浇段长度 9.75m，采用支架法现浇。1 号～13 号节段及合龙段梁段采用挂篮悬浇。

合龙段截面梁高 4.604m，底板厚度 40cm，腹板厚度 60cm，箱梁顶板厚 35.4cm，合龙段长度 2m，边跨合龙段和中跨合龙段混凝土体积分别为 25.018m³ 和 38.818m³。

1.3.2　T构临时固结方案

根据设计图纸要求,施工时由边至中进行,即先边跨合龙,最后中跨合龙。根据施工周期和施工进度,首先完成 76 号墩位置边跨合龙段施工,然后合龙 73 号墩位置边跨合龙段,最后合龙中跨。73 号墩边跨现浇段准备支架搭设,74 号墩正在进行 11 号块施工,75 号墩节块施工已完成,76 号边跨现浇段施工完成。

1) 临时支墩的设置

为悬臂浇筑稳定,本桥 T 构临时固结方案采用墩身范围内固结的结构形式:即在墩顶上设置钢筋混凝土临时支撑墩(临时支座),同时预埋粗钢筋锚固,如图 4-7 所示。

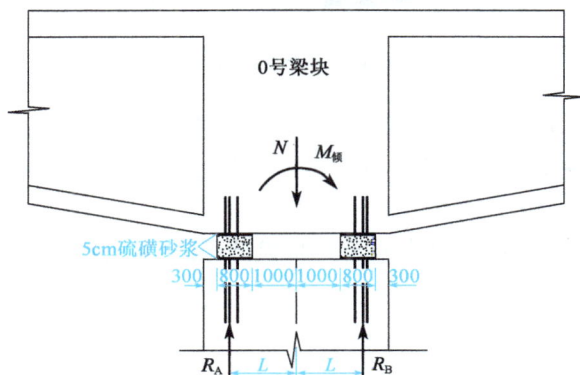

图 4-7　0 号梁段墩身范围内固结(尺寸单位:mm)

临时固结支座采用 C50 钢筋混凝土块体,尺寸 $2.88\text{m} \times 0.8\text{m}$,分列支撑垫石两侧。两临时支座间距 $2L = 3.15\text{m}$,一侧临时支座受压面积 $2A = 2 \times 2.88 \times 0.8 = 4.608(\text{m}^2)$,如图 4-8 所示。为方便拆除,临时支座上下设置 2 层 5cm 厚同强度硫磺砂浆,并在临时支座内设置锚筋,每个临时支座均采用 105 根 3m 长 $\phi32\text{mm}$ 钢筋,锚入墩内 1.5m,锚入梁内 0.85m。

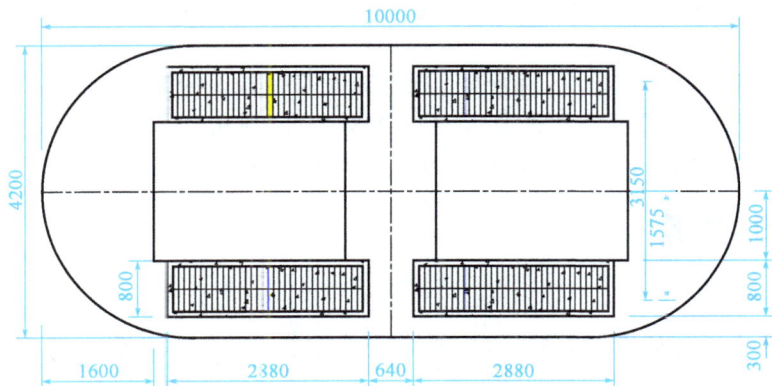

图 4-8　支撑墩的横截面(尺寸单位:mm)

2) 抗拉锚固钢筋的设置

临时锚固钢筋采用 $\phi32\text{mm}$ 的 HRB335 级钢筋,抗拉强度设计值 $f_y = 300\text{MPa}$。每侧临时支撑墩内布置 $n = 2 \times 105 = 210$(根),一个 T 构共计布置 420 根,按设计要求布置在对立箱梁腹板处,如图 4-8 所示。墩梁临时锚固如图 4-9 所示。

图 4-9 墩梁临时锚固

根据最大倾覆荷载的内力计算结果,即使临时支座没有倾覆拉力,从理论上讲不需要锚固,但也要考虑 T 构的安全与稳定,采取抗扭转、抗平移锚固措施,预埋粗钢筋或者粗预应力钢筋,使 0 号梁段与墩身锁固成一体。

临时支墩属于轴心受压构件,按混凝土结构设计原理,其长细比很小,属于矮柱结构,受压长细比折减系数 $\varphi = 1$。

1.3.3　固结荷载

时速 250km 客运专线铁路有砟轨道 60m + 100m + 60m 现浇预应力混凝土连续梁(双线)图号:通桥(2010)2267A—I 设计说明书施工方法及注意事项中,对墩梁临时固结措施的要求是:"临时固结措施,应能承受中支点处最大不平衡弯矩 56557 kN·m 和相应竖向反力 51430 kN。此不平衡弯矩未考虑一侧挂篮突然坠落的情况,施工中应加强挂篮锚固,杜绝发生此类事故。临时锚固措施一般可采取墩顶临时固结、在墩旁设置临时墩等方式,施工单位应结合具体荷载进行计算和检算,并相应设计临时锚固措施,其材料及构造由施工单位自行设计确定。"

为了确保施工安全,选取最不利因素工况计算倾覆荷载。极端不利工况为挂篮连带最后混凝土节段坠落,此时的最大不平衡弯矩 $M = 122881.1\text{kN}\cdot\text{m}$ 和相应竖向反力 $N = 57026\text{kN}$。此荷载大于设计给出的最大不平衡弯矩和相应竖向反力,能够确保施工安全。

1.3.4　固结检算

1)结构内力

临时支座结构受力如图 4-7 所示,视永久支座不受力,临时支座 A、B 支撑力的计算公式为:

$$\begin{cases} R_A + R_B = N \\ LR_B = M_{倾} + LR_A \end{cases} \Rightarrow \begin{cases} R_A = \dfrac{NL - M_{倾}}{2L} \\ R_B = \dfrac{NL + M_{倾}}{2L} \end{cases}$$

考虑 2 倍的安全系数时, 将 $M_{倾} = 2M = 2 \times 122881.1 (\text{kN} \cdot \text{m})$、$N = 57026\text{kN}$ 和 $L = 1.575\text{m}$ 代入上式得:

$$\begin{cases} R_A = -49507\text{kN} & (拉) \\ R_B = +106533\text{kN} & (压) \end{cases}$$

2) 混凝土强度检算

临时支座 B 的压应力:

$$\sigma_B = \frac{R_B}{2A} = \frac{106533 \times 10^3}{2 \times 800 \times 2880} = 23.1 (\text{MPa})$$

可见, 在未考虑钢筋的情况下, 压应力刚达到 C50 混凝土轴心抗压强度设计值 23.1MPa, 强度满足要求。

3) 抗倾覆检算

临时锚固钢筋采用 $\phi 32$ 的 HRB335 级钢筋, 抗拉强度设计值 $f_y = 300\text{MPa}$, 面积 $A_1 = 804.2\text{mm}^2$, 每侧临时支撑墩内布置 $n = 210$ 根:

$$|R_A| = 49507\text{kN} < [N] = nA_1 \cdot f_y = 210 \times 804.2 \times 300 = 50665 (\text{kN})$$

可见, 墩梁锚固钢筋的配置能适应最大拉力; 临时支座可以满足抗压、抗倾覆要求。

任务 2 T 构体外固结检算

2.1 工作任务

通过本任务的学习, 能够进行以下项目的检算:
(1) 临时固结结构的抗倾覆检算;
(2) 锚固钢筋的计算。

2.2 相关配套知识

2.2.1 临时固结结构

1) 墩身范围外固结

在承台上安装钢管或钢管混凝土柱、钢筋混凝土支撑柱。支撑柱安装位置对应于箱梁腹板的梁底位置, 并且上端与梁身、下端与承台均进行锚固, 或者增加墩身外钢索, 达到支撑与反拉的抗倾覆作用, 同时与墩身设置水平支撑桁架, 约束上端相对位移, 如图 4-5b) 所示。

2) 墩身范围内外组合固结

若墩身截面较小、刚度小, T 构倾覆抗弯能力差, 施工固结可采用墩身范围内与墩身范围外相组合的临时固结结构, 即在墩顶设钢管混凝土临时支撑墩, 充分利用墩身的抗压能力; 在墩外承台上支撑锚固钢管柱, 承担 T 构倾覆的反拉(锚固)作用, 如图 4-5c) 所示。

2.3.1 工程概况

某大桥主桥为三跨预应力混凝土斜拉桥，主跨 55m + 95m + 55m，如图 4-10 所示。公路等级为城市主干路，荷载标准为公路—Ⅰ级；桥梁位于纵坡 2.6%、半径 3000m 的凸曲线上。

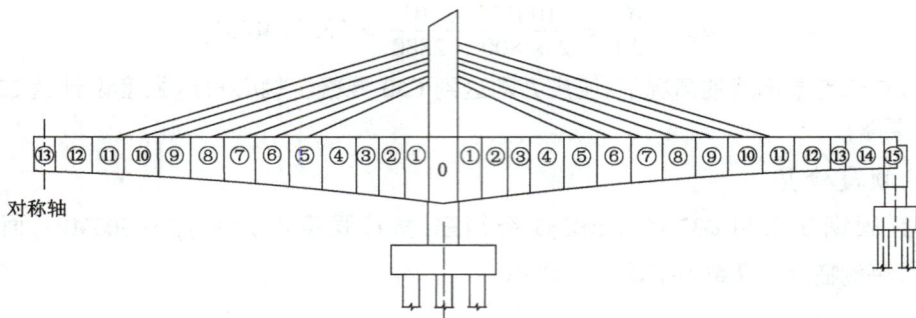

图 4-10　斜拉桥示意图

主桥采用塔梁固结、塔墩分离的结构体系，墩顶设支座；主梁采用单箱三室大悬臂截面，支点梁高 3.8m，跨中梁高 2.6m，梁高按二次抛物线变化，箱梁顶宽 29.5m，悬臂长 5.1m，箱底宽 19.965～18m，两外腹板斜置，腹板斜率不变。边室截面净宽 7.2m，中室净宽 2m，斜拉索布置在中室，主梁除支点处设横梁外，每根拉索锚固点处均设有横梁，间距 4m。中支点处横梁厚 2.5m，边支点处横梁厚 1.5m。拉索锚固点处横梁为变厚度，中室厚 0.6m，边室厚 0.4m。主梁顶板厚 0.3m，底板厚 0.3～0.604m；4 号块后边面腹板厚 0.6m，中腹板厚 0.4m，在 1～3 号块件范围内边腹板厚由 0.6m 按直线变化到 0.8m，中腹板厚由 0.4m 按直线变化到 0.6m。0、1号块节段长 9m，合龙段长 2m，2、3 号节段长 3m，其余为 4m。

2.3.2 固结荷载

悬臂法施工时，连续梁在采用分段悬臂浇筑过程中，永久支座不能承受施工中产生的不平衡力矩，施工中需采取临时锚固措施，以提供竖向支撑、抵抗施工中产生的各种不平衡力矩，保证"T"构平衡。

1）竖向荷载计算

恒载系数取 1.2，活载系数取 1.4，机械人群荷载取 2.5kPa，冲击荷载取 2kPa，挂篮自重按 90t/个。

箱梁自重：72054.7kN（0 号块、2 倍的 1～12 号块总重量、主塔及拉索重量之和）。

机械人群荷载：$2.5 \times 4 \times 29.5 \times 2 = 590(kN)$。

冲击荷载：$2 \times 4 \times 29.5 \times 2 = 472(kN)$。

挂篮自重：$2 \times 900 = 1800(kN)$。

竖向荷载：$1.2 \times (1800 + 72054.7) + 1.4 \times (590 + 472) = 90112(kN)$。

2）不平衡弯矩计算

（1）工况分析

按最大悬臂长度计算，12号节段距离主墩中心线46.5m，以下工况不平衡荷载计算如下：

工况1：考虑胀模导致梁重不均匀，根据设计按12号节段自重增大3%计算。

$$F_1 = 239.72 \times 10 \times 3\% = 71.916 \text{(kN)}$$

工况2：挂篮自重取900kN，其动力系数一端取1.2、一端取0.8。

$$F_2 = 900 \times (1.2 - 0.8) = 360 \text{(kN)}$$

工况3：人员、施工机具、材料堆放荷载按2.5kPa考虑，重量偏差系数一端取1.2，另一端取0.8。

$$F_3 = 2.5 \times 29.5 \times 4 \times (1.2 - 0.8) = 118 \text{(kN)}$$

工况4：风荷载按最大悬臂长度时，一端悬臂承受竖向100%的风荷载，另一端悬臂承受竖向50%的风荷载。

$$F_4 = \beta_{gz} \mu_s \mu_z w_0 = 1.74 \times 1.2 \times 1.21 \times 0.45 = 1.137 \text{(kN/m}^2\text{)}$$

式中：β_{gz}——阵风系数，按《建筑结构荷载规范》（GB 50009—2012）计算值为1.74；

μ_s——风荷载体型系数，取1.2

μ_z——风压高度变化系数，按上述规范采用1.21；

w_0——基本风压（kN/m²），按上述规范采用0.45。

工况5：挂篮移动不同步，完成12号节段后，中跨挂篮不移动，边跨挂篮前移2m，同时在悬臂端加载边跨现浇段一半重量的配重。

$$F_5 = 900 \text{kN}, \quad F_{pz} = 782.6 \text{kN}$$

工况6：混凝土浇筑不同步，一侧已浇筑完毕，另一侧未浇筑混凝土重量不得超过一个梁段底板重（偏安全的按4号底板重计算）。

$$F_6 = 76.044 \times 10 = 760.44 \text{(kN)}$$

工况7：在浇筑12号节段时，一端挂篮连同混凝土坠落，本工况极少发生，不考虑风荷载、人员机具荷载不平衡以及不平衡浇筑、混凝土梁重不均匀情况。

$$F_7 = (239.72 + 90) \times 10 = 3297 \text{(kN)}$$

（2）荷载组合

根据工况分析及规范要求可得下面组合：

组合1：工况1、2、3、4、5同时作用时的不平衡弯矩M_1，如图4-11所示。

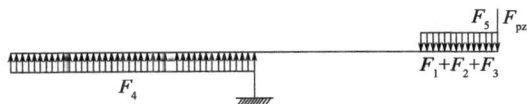

图4-11　组合1受力示意图

$M_1 = 71.916 \times 46.5 + 360 \times 46.5 + 118 \times 46.5 + 1.137 \times 29.5 \times 46.5^2/2 + 900 \times 2 + 782.6 \times 46.5 = 100025 \text{(kN} \cdot \text{m)}$

组合2：工况1、2、3、4、6同时作用时的不平衡弯矩M_2，如图4-12所示。

$M_2 = 71.916 \times 46.5 + 360 \times 46.5 + 118 \times 46.5 + 1.137 \times 29.5 \times 46.5^2/2 + 760.44 \times 46.5 = 97194 \text{(kN} \cdot \text{m)}$

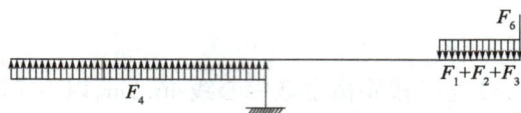

图 4-12　组合 2 受力示意图

组合 3：工况 7 单独作用时的不平衡弯矩 M_3，如图 4-13 所示。

$$M_3 = 3297 \times 46.5 = 153311 (\text{kN} \cdot \text{m})$$

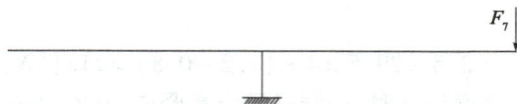

图 4-13　组合 3 受力示意图

2.3.3　固结检算

1）抗倾覆检算

由荷载组合计算可知，临时支撑中支点处最大不平衡弯矩 $M_倾 = 153311\text{kN} \cdot \text{m}$，竖向支反力 $N = 90112\text{kN}$。临时支撑设计与计算简图如图 4-14 所示。

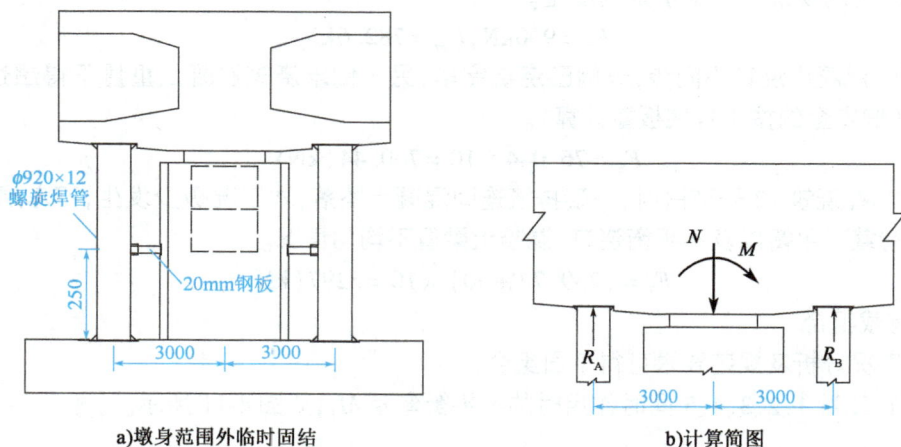

a）墩身范围外临时固结　　　　　b）计算简图

图 4-14　临时支撑示意图（尺寸单位：mm）

根据前述平面力系平衡条件式（4-1）$\begin{cases} R_A + R_B = N \\ LR_B = M_倾 + LR_A \end{cases}$，可得：

$$R_A = \frac{NL - M_倾}{2L} = \frac{90112 \times 3 - 153311}{2 \times 3} = 19504\text{kN}（压）$$

$$R_B = \frac{NL + M_倾}{2L} = \frac{90112 \times 3 + 153311}{2 \times 3} = 70608\text{kN}（压）$$

可见，临时支撑反力均为压力，据此压力设置钢管混凝土支撑柱，就可满足抗倾覆要求。

2) 受压承载力检算

已知支撑柱高 5.46m,采用 Q235 的 $\phi 920 \times 12mm$ 钢管及 C30 混凝土。根据《钢管混凝土结构技术规范》(GB 50936—2014)检算钢管混凝土单肢柱的轴心受压承载力。

$$N \le N_u$$

其中:

$$N_u \le \varphi_e \varphi_l N_0$$
$$N_0 = 0.9 A_c f_c (1 + \alpha \theta)$$

式中: N——轴心压力设计值(N);

N_0——钢管混凝土轴心受压短柱的强度承载力设计值(N);

θ——钢管混凝土构件的套箍系数, $\theta = A_s f / A_c f_c$;

A_s——钢管的横截面面积(mm^2),取 34213.44 mm^2;

f——钢管的抗拉、抗压强度设计值(MPa),取 205 N/mm^2;

A_c——钢管内核心混凝土横截面面积(mm^2),取 630210.56 mm^2;

f_c——钢管内核心混凝土的抗压强度设计值(MPa),取 14.3 N/mm^2;

α——与混凝土等级有关的系数,混凝土为 C30,取值 2;

φ_e——考虑偏心率影响的承载力折减系数,按上述规范选用 1;

φ_l——考虑长细比影响的承载力折减系数,当 $L_e/D > 30$ 时, $\varphi_l = 1 - 0.115 \sqrt{L_e/D - 4}$,当 $4 < L_e/D \le 30$ 时, $\varphi_l = 1 - 0.0226(L_e/D - 4)$,当 $L_e/D \le 4$ 时, $\varphi_l = 1$;

L_e——钢管柱的等效计算长度(m), $L_e = \mu k L$, μ、k 取 1,故 L_e 为 5.46m;

D——钢管的外直径(mm),取 920mm;

L——钢管柱的实际长度(m),取 5.46m。

因为 $4 < L_e/D = 5.46/0.92 = 5.93 < 30$,所以有:

$$\varphi_l = 1 - 0.0226(L_e/D - 4) = 1 - 0.0226 \times (5.93 - 4) = 0.956$$

计算套箍系数: $\theta = A_s f / A_c f_c = 34213.44 \times 215/(630210.56 \times 14.3) = 0.82$

因为 $\theta = 0.82 < 1/(\alpha - 1)^2 = 1/(2 - 1)^2 = 1$,所以有:

$$N_0 = 0.9 A_c f_c (1 + \alpha \theta) = 0.9 \times 630210.56 \times 14.3 \times (1 + 2 \times 0.82) = 21413 (kN)$$

钢管混凝土单肢柱的轴心受压承载力设计值如下:

$$N_u \le \varphi_e \varphi_l N_0 = 1 \times 0.956 \times 21413 = 20471 (kN)$$

钢管混凝土单肢柱承受的最大压力:

$$N = R_B/4 = 70608/4 = 17652 (kN) < N_u = 20471 (kN)$$

可见,钢管混凝土单肢柱的轴心受压承力满足要求。

在下预埋钢板焊接 $\phi 25$ 锚固钢筋,同时用[20 槽钢将钢管之间及钢管与主墩之间刚性连接,以提高其抗扭转、抗滑移能力。为安全起见,在墩顶还需设置混凝土临时支座,如图 4-15 所示。

3) 锚固钢筋计算

因纵坡、风荷载横向作用,管柱支撑的上部需要设置锚固钢筋。

(1) 因纵坡产生的分力

桥梁纵坡为 2.6%,作用在顺桥向的分力为:

$$F_z = N \times 0.026 = 7021.39 \times 10 \times 0.026 = 1825.56 (kN)$$

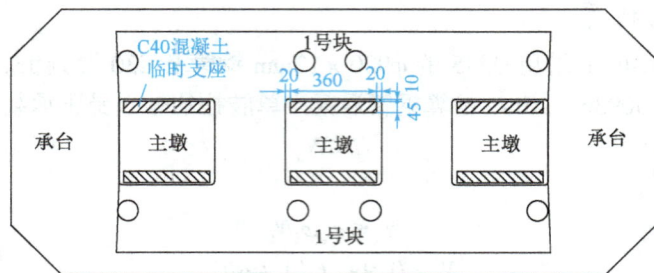

图 4-15　临时支座布置图(尺寸单位:cm)

(2)风荷载横向作用于梁体、主塔,对锚固端产生横向力,箱梁高度按平均高 3.2m 计算:假设风荷载均匀分布,锚固钢筋承受剪力为:

$$F_{J1} = (46.5 \times 2 \times 3.2 + 2.4 \times 14) \times 1.137 = 376.57(kN)$$

假设风荷载不平衡系数为 0.5,则在横桥向产生扭转弯矩为:

$$M_{NZ} = 46.5 \times 3.2 \times 1.137 \times 46.5 = 7867(kN \cdot m)$$

假设扭转弯矩全部由锚固钢筋承担,则锚固钢筋承受剪力为:

$$F_{J2} = 7867/3 = 2622(kN)$$

综上:锚固钢筋所受剪力为 F_z、F_{J1} 和 F_{J2} 中较大者合力,即

$$F_{J总} = \sqrt{2622^2 + 1825.56^2} = 3195(kN)$$

安全系数按 1.5 考虑,$[\tau] = 120MPa$,则需要配置 $\phi25$ 钢筋根数为 n。

$$n = \frac{3195 \times 10^3 \times 1.5}{490.9 \times 120} = 81(根)$$

每个管柱上口安装 2cm 钢盖板,盖板与梁体间锚固钢筋为 81/8 = 10.1(根),按 12 根布置。

拓展知识

1. 刚构桥

刚构桥(rigid frame bridge),是梁和腿或墩(台)身构成刚性连接的桥梁。结构形式有门式刚构桥、斜腿刚构桥、T 形刚构桥和连续刚构桥。

(1)门式刚构桥

其腿和梁垂直相交呈门形构造,可分为单跨门构桥、双悬臂单跨门构桥、多跨门构桥和三跨两腿门构桥。前三种跨越能力不大,适用于跨线桥;三跨两腿门构桥,在两端设有桥台,采用预应力混凝土结构建造时,跨越能力可达 200 多米。

(2)斜腿刚构桥

桥墩为斜向支撑的刚构桥,腿和梁所受的弯矩比同跨径的门式刚构桥显著减小,而轴向压力有所增加,跨越能力较大,适用于峡谷桥和高等级公路的跨线桥。如安康汉江桥铁路桥(1982 年建成),腿趾间距 176m。

(3)T 形刚构桥

上部结构可为箱梁、桁架或桁拱,与墩固结形成整体,桥型美观、宏伟、轻型,适用于大跨悬臂平衡施工,可无支架跨越深水急流,避免下部施工困难或中断航运,也不需要体系转换,施工简便。T 形刚构桥可分为带挂梁结构的 T 形刚构桥和带剪力铰结构的 T 形刚构桥。

(4)连续刚构桥

可分为主跨为连续梁的多跨刚构桥和多跨连续刚构桥,均采用预应力混凝土结构,有两个以上主墩采用墩梁固结,具有 T 形刚构桥的优点。多跨连续刚构桥则在主跨跨中设铰接,两侧跨径为连续体系,可利用边跨连续梁的重量使 T 构做成不等长悬臂,以加大主跨的跨径。

2.连续梁、刚构、T 构的区别

连续梁是指两跨以上的铰接支座梁跨结构;刚构是指通过刚接连接而无铰接的桥跨结构,分为单跨刚构和多跨连续刚构;T 构是指悬臂浇筑连续梁或者连续刚构没有合龙以前的结构形态,以象形的英文字母"T"取名。任何 T 构合龙以后,均不能称为 T 构,T 构存在于特定的施工阶段。

项目小结

(1)悬臂浇筑法:在桥墩两侧设置工作平台,平衡地逐段向跨中悬臂浇筑混凝土梁体,并逐段施加预应力的施工方法。墩梁临时固结(T 构)的结构方式,对墩身来说,可分为墩身范围内固结、墩身范围外固结和墩身范围为外组合固结的方式。

(2)T 构临时固结方案采用墩身范围内固结的结构形式:即在墩顶上设置钢筋混凝土临时支撑墩(临时支座),同时预埋粗钢筋锚固。

(3)即使临时支座没有倾覆拉力,从理论上讲不需要锚固,但也要考虑 T 构的安全与稳定,采取抗扭转、抗平移锚固措施,预埋粗钢筋或者粗预应力钢筋,使 0 号梁段与墩身锁固成一体。

(4)为了确保施工安全,选取最不利因素工况计算倾覆荷载。极端不利工况为挂篮连带最后混凝土节段坠落,此时的最大不平衡弯矩和相应竖向反力大于设计给出的最大不平衡弯矩和相应竖向反力,能够确保施工安全。

(5)临时固结检算的内容包括:固结结构内力、临时支座混凝土强度检算和临时固结结构的抗倾覆检算。

复习思考题

1.什么是悬臂浇筑法?什么是托架、支架?

2.《铁路预应力混凝土连续梁(刚构)悬臂浇筑施工技术指南》(TZ 324—2010)对临时固结支座的规定是什么?

3.墩梁临时固结(T 构)的结构方式有哪几种?

4.什么是墩身范围内固结?什么是墩身范围外固结?

5.《铁路预应力混凝土连续梁(刚构)悬臂浇筑施工技术指南》(TZ 324—2010)对临时固结有何规定?

6.连续梁墩顶临时支座,一般设置几个?

7.为了确保施工安全,如何选取极端不利工况计算倾覆荷载?

8.极端不利工况倾覆弯矩对临时支座会产生拉应力吗?

9.考虑极端不利工况的倾覆弯矩时,是否设置抗拉锚固钢筋?

10.当桥墩长度较短或 0 号梁段悬臂较长时,如何支承悬臂浇筑梁体?

11.不平衡弯矩 $M_倾$ 的计算,可参考哪些因素?

计算软件的操作

ANSYS 的操作

如图 5-1 所示,外伸梁受集中力、力偶与均布力的作用,梁的横截面为矩形,几何尺寸为 $b=120\text{mm}$,$h=180\text{mm}$,梁体材料力学参数 $[\sigma]=205\text{MPa}$、$[\tau]=125\text{MPa}$、$\mu=0.3$、$E=2.06\times10^5\text{MPa}$、$[f]=l/400$。试绘出梁的弯矩图、剪力图和挠度图,并进行强度与刚度检算。

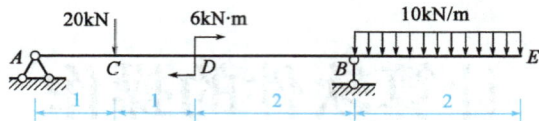

图 5-1　外伸梁(尺寸单位:m)

1)前处理

(1)定义单元类型:Preprocessor(前处理器)→Element Type(选择单元类型)→Add/Edit/Delete→Add(加载)→Beam(杆件)→2D elastic 3→OK→Close,如图 5-2 所示。

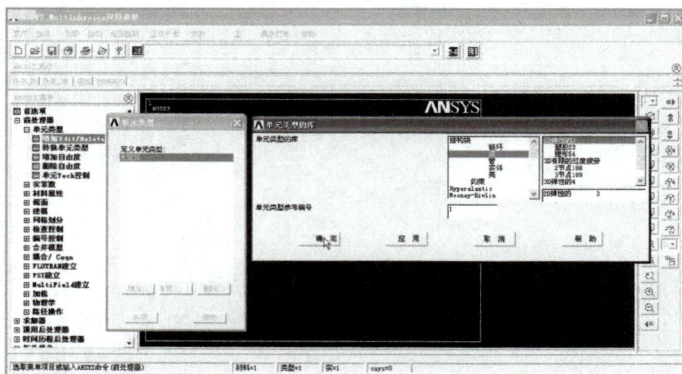

图 5-2　定义单元类型

(2)定义实常数:Preprocessor(前处理器)→Real constants(设置实常数)→Add(加载)→OK→表格｛AREA(横截面积)、IZZ(惯性矩)、HIGHT(高度)｝→OK→Close,如图 5-3 所示。

图 5-3　定义实常数

（3）定义材料属性：Preprocessor（前处理器）→Material Props（设置材料性能数据）→Material Model（材料模型）→表格→Structural（结构）→Linear（线性）→Elastic（弹性的）→Isotropic（各向同性的）→表格→{EX（弹性模量）、PRXY（泊松比）}→OK→Close，如图 5-4 所示。

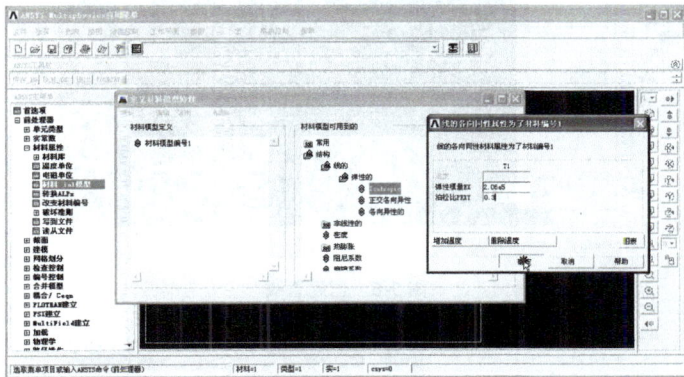

图 5-4　定义材料属性

（4）建模：首先创建关键点，然后创建直线。

创建关键点（图 5-5）：Preprocessor（前处理器）→Modeling（建立几何模型）→Create→Keypoints（关键点）→ In Activecs CS（在当前坐标系下）→关键点（Y,Z 留空表示为 0），如表 5-1所示。

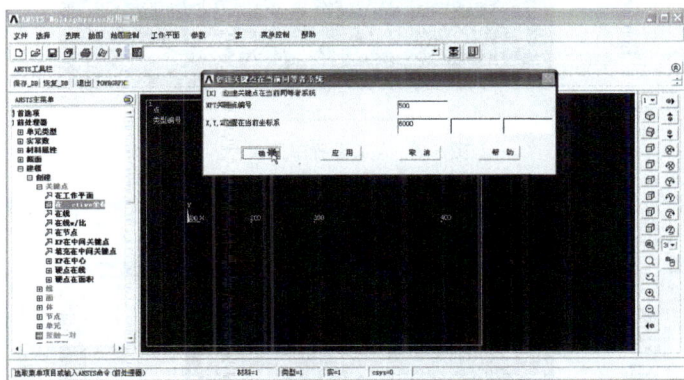

图 5-5　创建关键点

关键点坐标　　表 5-1

关键点编号	100	200	300	400	500
横坐标 X(mm)	0	1000	2000	4000	6000

创建直线（图 5-6）：Modeling（建模）→Lines（直线）→Lines（创建直线）→Straight Line（直线）→顺序连接 1~5 点。

（5）网格划分：

Preprocessor（前处理器）→Meshing（网格划分）→Size Cntrls（尺寸控制）→Manualsize（人工设置尺寸）→Lines（线）→All Lines（全部直线）→对话框中{SIZE Element edge length 设置为 200}→OK，如图 5-7 所示。

Preprocessor（前处理器）→Mesh（划分网格）→Lines→对话框中{Mesh lines→Box 框选所有的线}→OK，如图 5-8 所示。

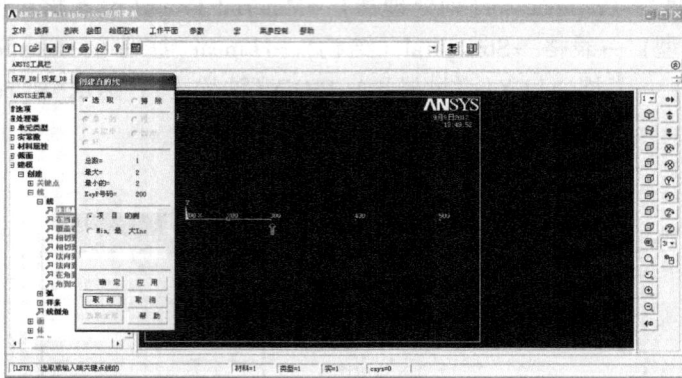

图 5-6 创建直线

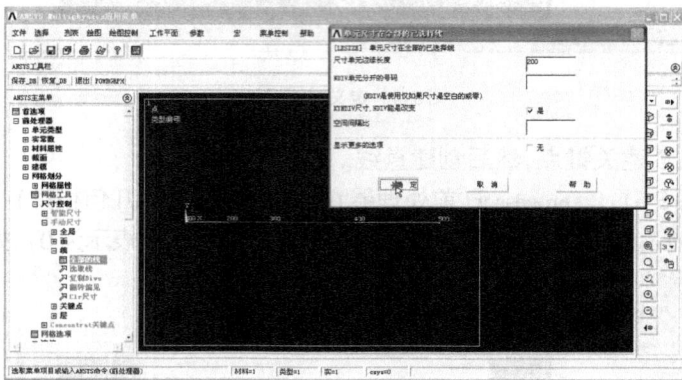

图 5-7 人工设置单元尺寸

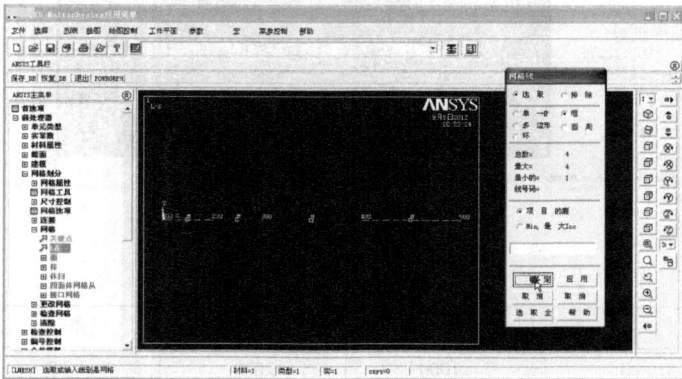

图 5-8 框选所有的线

图 5-9 为网格划分完毕。

（6）加载：

①Preprocessor（前处理器）→Loads（荷载）→Define Loads（定义荷载）→Apply（加荷）→structural（结构）→Displacement（位移）→On Keypoints（关键点）→显示关键点｛上面菜单栏的Plot（绘图）→Keypoints→Keypoints→plotCtrls（绘图控制）→Numbering（编号）→KP（ON）｝→选中"100"号关键点（即 A 支座）（图 5-10 ～ 图 5-12）→OK→弹出的对话框中选中 UX、UY（即固定铰支座）→选中"400"号关键点（即 B 支座）→OK→弹出的对话框中选中 UY（即活动铰支

座),如图 5-13 ～图 5-15 所示。

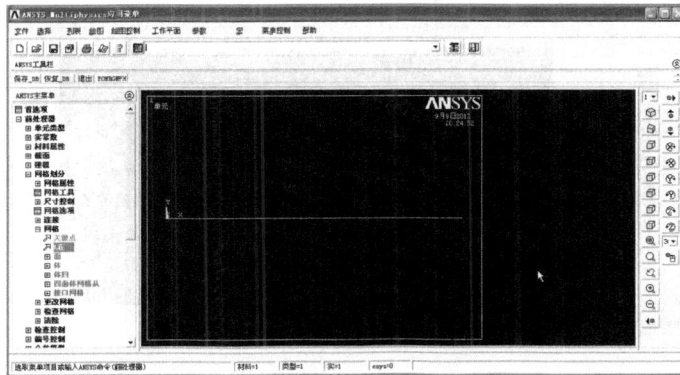

图 5-9　网格划分完毕

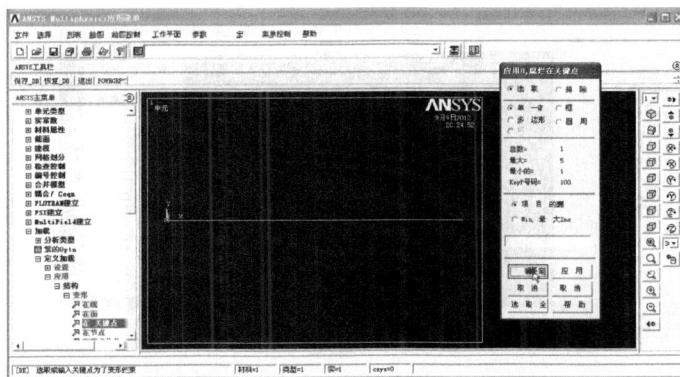

图 5-10　选中 A 支座

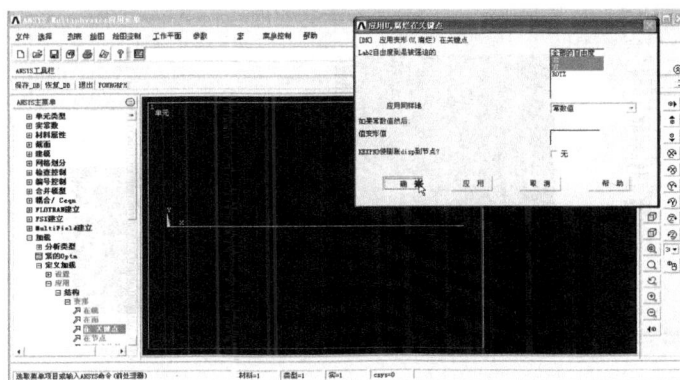

图 5-11　对 A 支座施加约束条件

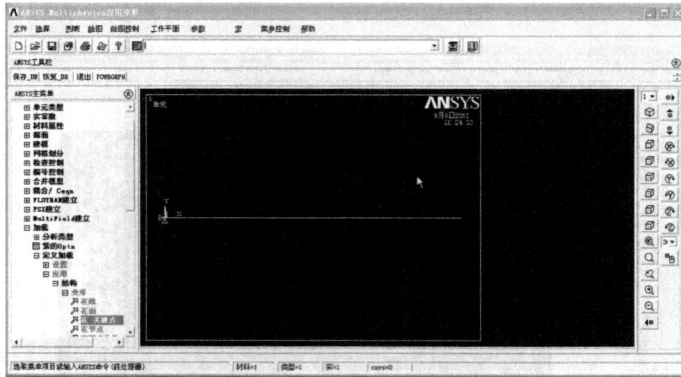

图 5-12　确定 A 支座为固定铰支座

施工临时结构检算（第 3 版）

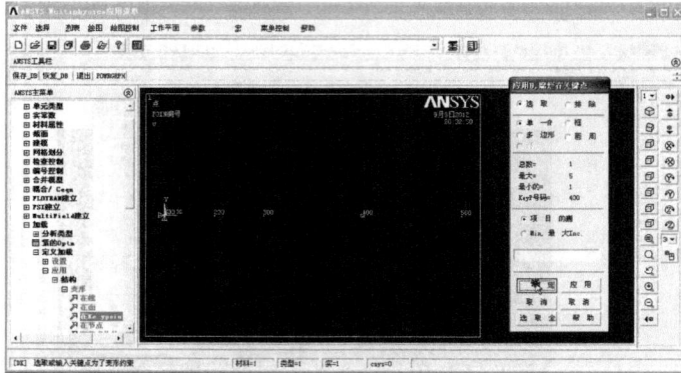

图 5-13　选中 B 支座

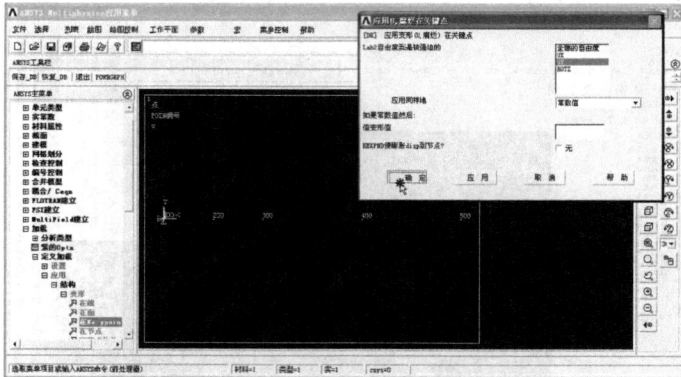

图 5-14　对 B 支座施加约束条件

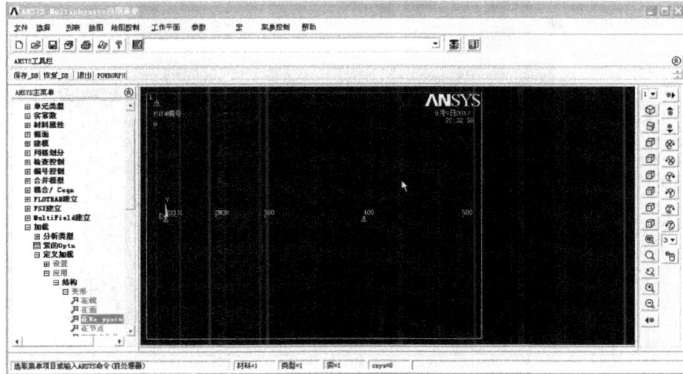

图 5-15　确定 *B* 支座为活动铰支座

②Preprocessor（前处理器）→Loads（荷载）→Define Loads（定义荷载）→Apply（施加荷载）→Structural（结构）→Force/Moment（力、力矩）→On keypoints（关键点）→选中"200"号关键点（图 5-16）→OK→弹出的对话框中选中 Direction force/mom 为 FY→设 force/mom value 为 –20000，如图 5-17、图 5-18 所示。

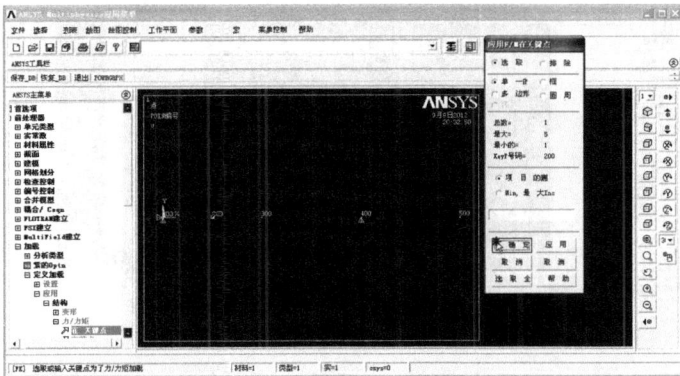

图 5-16　选中 *C* 点

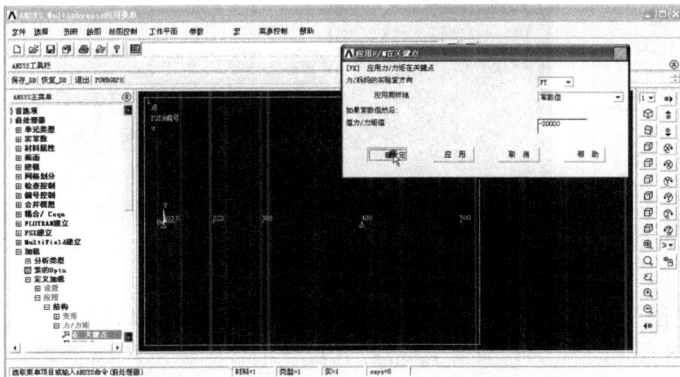

图 5-17　在 *C* 点施加竖向荷载 –20kN

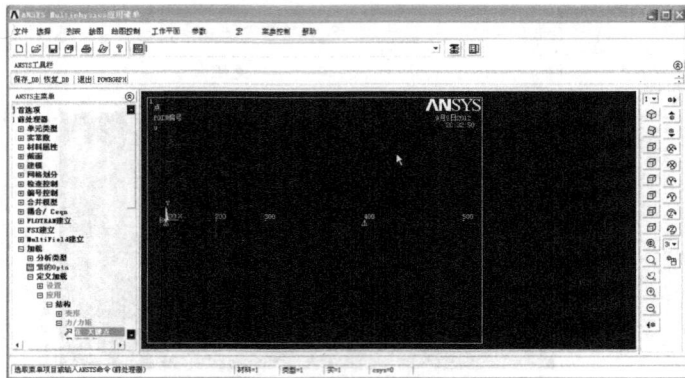

图 5-18 *C* 点的 −20kN 竖向荷载已经施加

③Preprocessor(前处理器)→Loads(荷载)→Define Loads(定义荷载)→Apply(施加荷载)→Structural(结构)→Force/Moment(力、力矩)→On keypoints(关键点)→选中 "300" 号关键点(图 5-19)→OK→弹出的对话框中选中 Direction force/mom 为 **MZ**→设 force/mom value 为 −6000000 ,如图 5-20、图 5-21 所示。

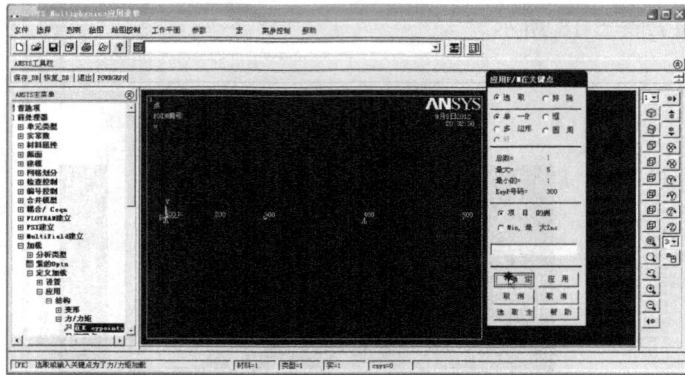

图 5-19 选中 *D* 点

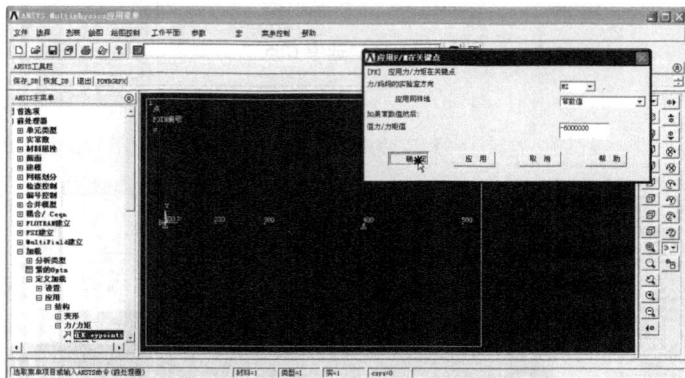

图 5-20 在 *D* 点施加集中力偶 −6kN·m

④Preprocessor(前处理器)→Loads(荷载)→Define Loads(定义荷载)→Apply(施加荷载)→Structural(结构)→Pressure(压力)→On Beams(在梁上)→在弹出的对话框中选中 Box→再选中 "400" 号到 "500" 所有单元(图 5- 22)→OK→弹出的对话框中 VALI 设为 10→OK(图 5-23、图 5-24)。

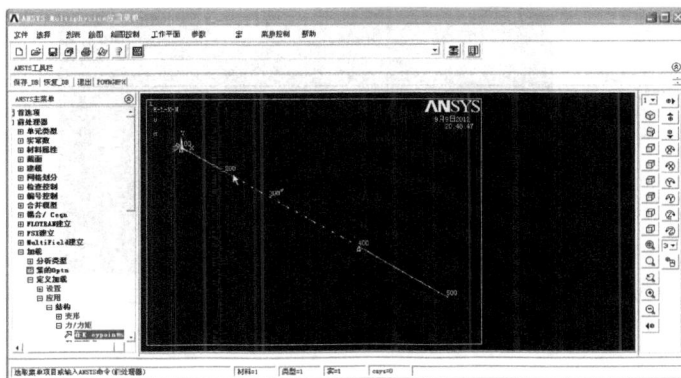

图 5-21　不同角度观察力偶 −6kN・m

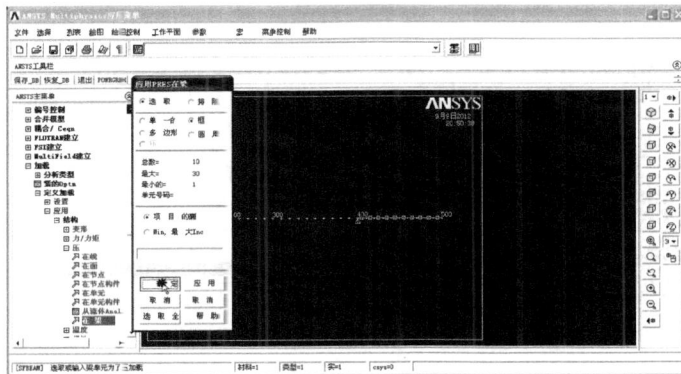

图 5-22　选中 *BE* 点之间所有单元

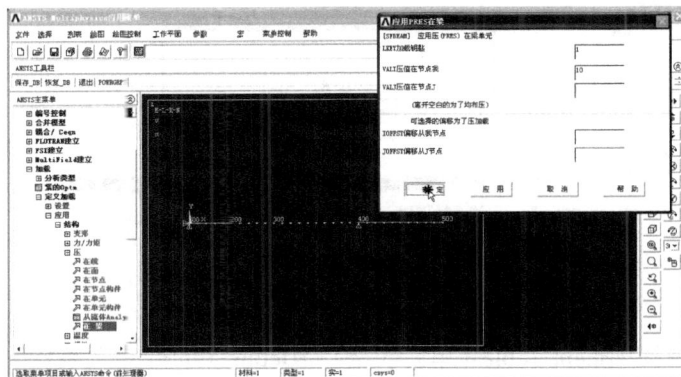

图 5-23　施加均布荷载 10kN/m

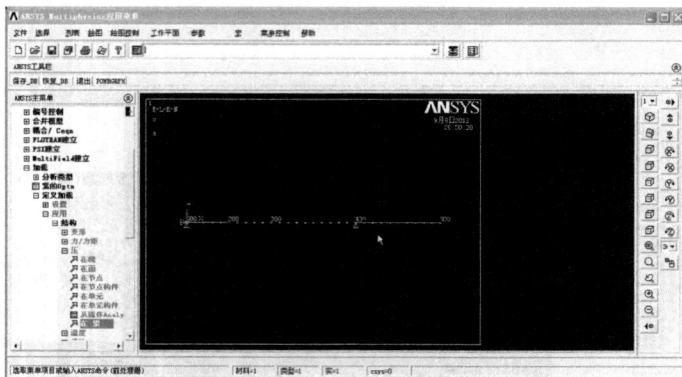

图 5-24　BE 点之间已经施加均布荷载

2) 求解

分析求解:Solve(求解)→Current Load Step(当前荷载步求解)(图 5-25)→完成(图 5-26)。

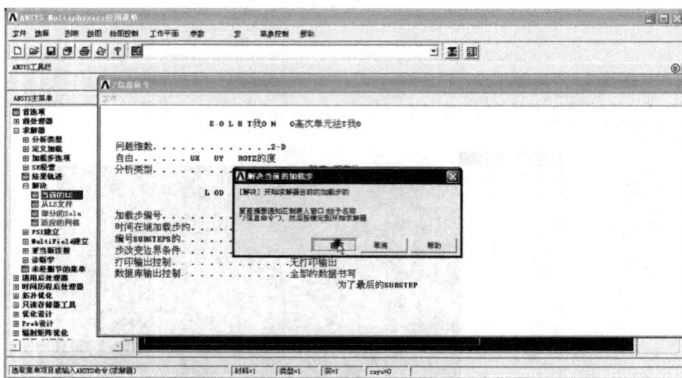

图 5-25　设定当前荷载步求解

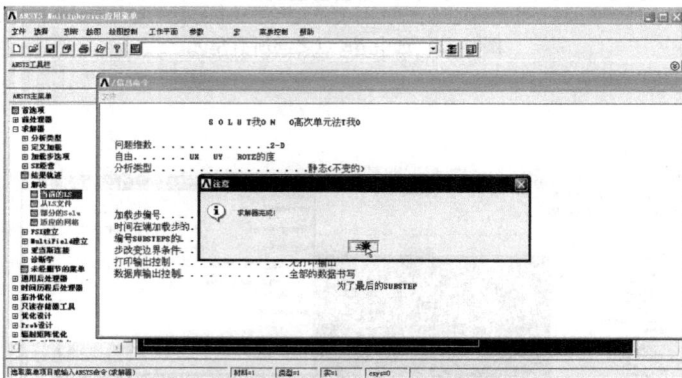

图 5-26　完成求解

3) 后处理

(1) 设置内力表:Elerment Table(单元表格)→Define Table(定义表)→单元表数据→选择 By sequence num→选择右侧 SMISC 输入其值 6→Apply→再次选择 By sequence num→选择右侧 SMISC 输入其值 12→Apply→以此类推输入 2 和 8→OK→Close,如图 5-27 所示。

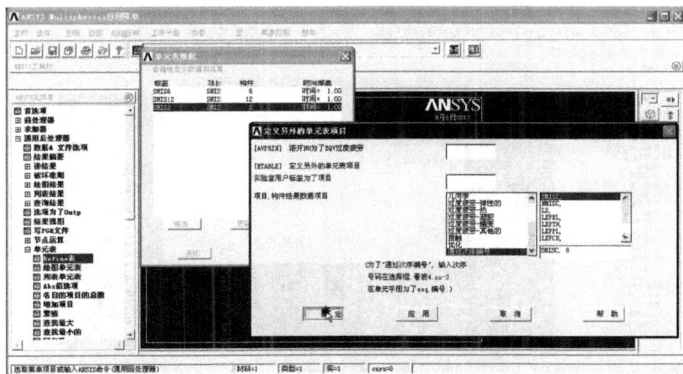

图 5-27　定义单元表

（2）查看挠度图：General Proproc（进入通用后处理器）→ Plot Results（绘制结果数据）→ Deformed Shape（变形形状）→选择 Def + undeformed（图 5-28）→ OK，如图 5-29 所示。

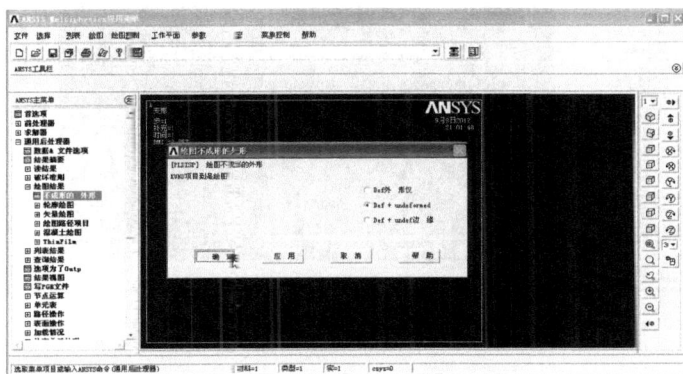

图 5-28　选择 Def + undeformed

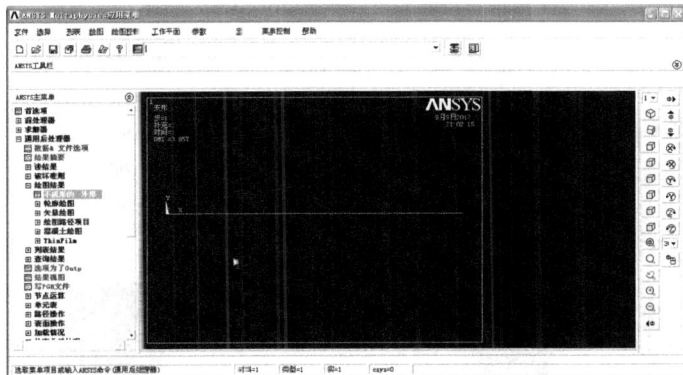

图 5-29　查看挠度图

可见，$f = 3.857\,\text{mm} < [f] = l/400 = 5\,\text{mm}$，刚度满足要求。

（3）查看弯矩图：General Proproc（进入通用后处理器）→Plot Results（绘制结果）→Contour Plot→Line Elem Res（线单元）→选择：SMISC6，SMISC12（说明：是弯矩图，Fact Optional Scale Factor 选择标度因数 –1，下同），如图 5-30、图 5-31 所示。

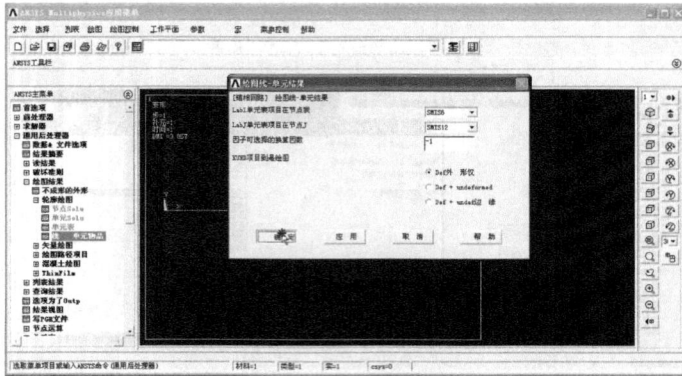

图 5-30　选择 SMISC6、SMISC12

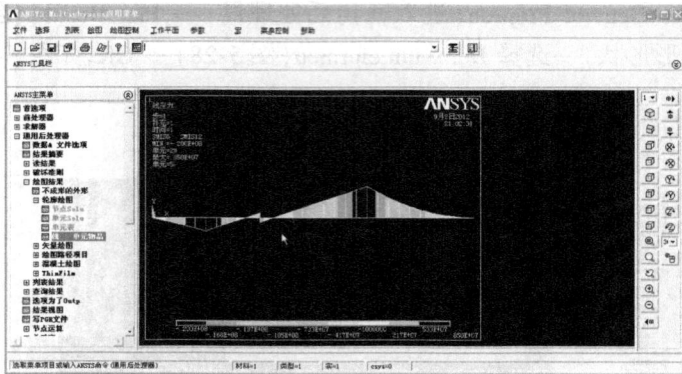

图 5-31　查看弯矩图

截面抵抗矩：

$$W = \frac{bh^2}{6} = \frac{120 \times 180^2}{6} = 6.48 \times 10^5 \, (\text{mm}^3)$$

故最大弯曲应力：

$$\sigma = \frac{M}{W} = \frac{0.2 \times 10^8}{6.48 \times 10^5} = 30.86 (\text{MPa}) < [\sigma] = 205\text{MPa}, 强度满足要求。$$

（4）查看剪力图：General Proproc（进入通用后处理器）→ Plot Results（绘制结果数据）→Contour Plot→Line Elem Res（线单元）→选择：SMISC 2，SMISC 8（是剪力图），如图 5-32、图 5-33 所示。

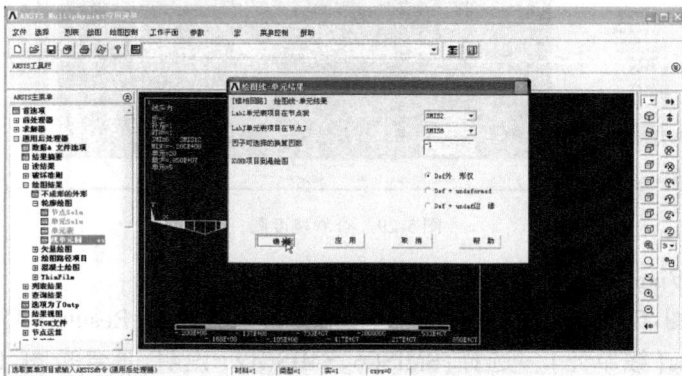

图 5-32　选择 SMISC2、SMISC8

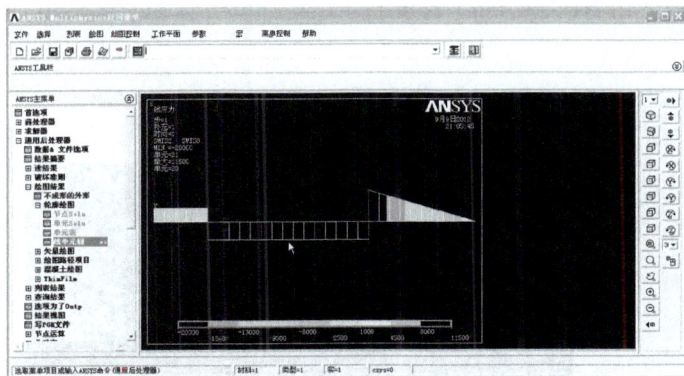

图 5-33　查看剪力图

最大剪应力：

$\tau = \dfrac{3Q}{2A} = \dfrac{20000}{2 \times 120 \times 180} = 0.46\,(\text{MPa}) < [\tau] = 125\text{MPa}$，强度满足要求。

（5）退出 ANSYS 系统：SAVE（保存）→Quit（退出）→ Save Everything（保存所有资料）。

MIDAS Civil 的操作

如图 5-34 所示，连续梁受集中力与均布力的作用，梁的横截面为矩形，几何尺寸为 $b = 120\text{mm}$，$h = 180\text{mm}$，梁体材料力学参数 $[\sigma] = 205\text{MPa}$、$[\tau] = 125\text{MPa}$、$\mu = 0.3$、$E = 2.06 \times 10^5\text{MPa}$、$[f] = l/400$。试绘出梁的弯矩图、剪力图和挠度图。

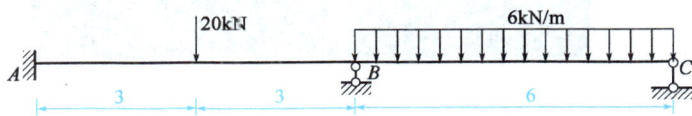

图 5-34　连续梁（尺寸单位：m）

1）设定操作环境

（1）首先建立新项目，以"两跨连续梁"为名称保存。文件/新项目→文件/保存，如图 5-35 所示。

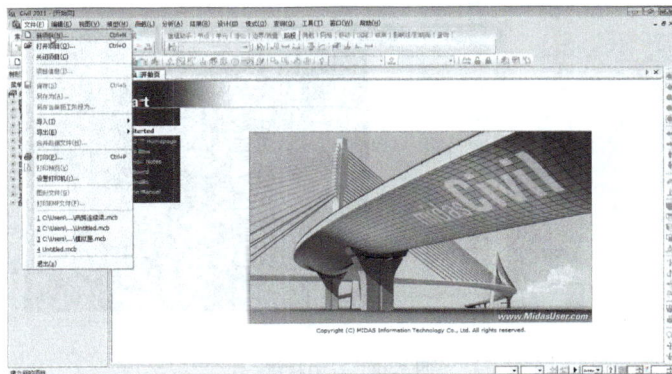

图 5-35　建立新项目

（2）单位体系是使用 N（力），mm（长度）。工具→单位体系（图 5-36）→长度/mm、力/N，如图 5-37 所示。

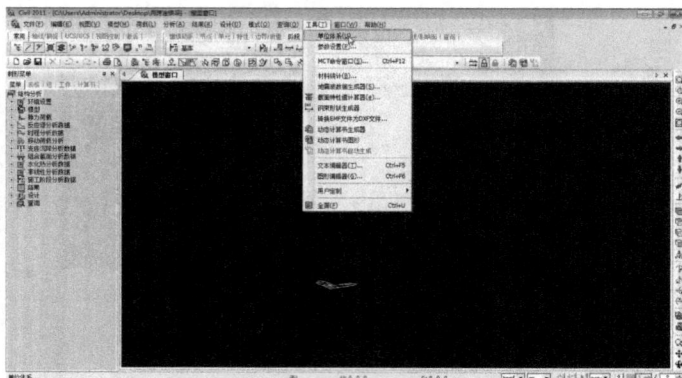

图 5-36　选中单位体系

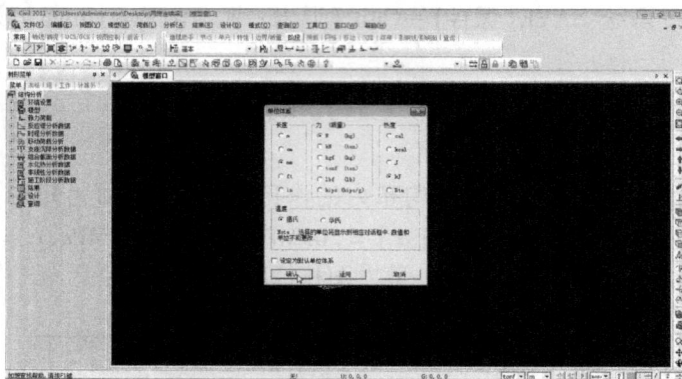

图 5-37　选择单位

2）定义材料和截面特性

（1）模型→材料和截面特性→材料→材料和截面→材料→添加，如图 5-38、图 5-39 所示。

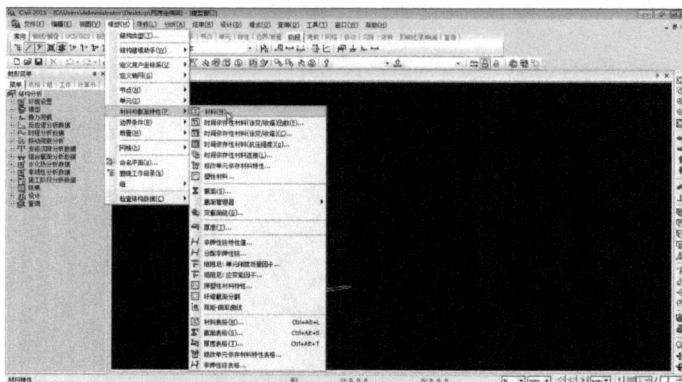

图 5-38　选中材料

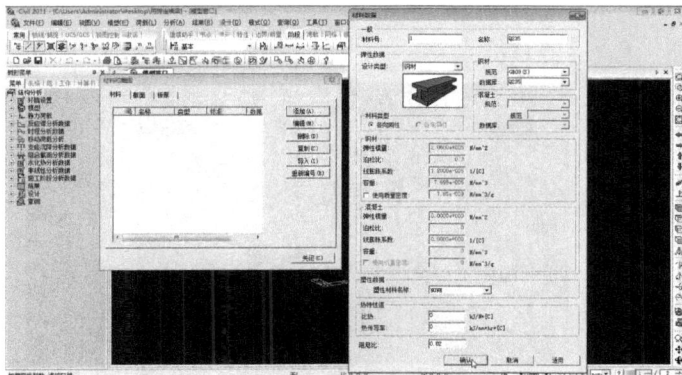

图 5-39　定义材料

（2）模型→材料和截面特性→材料→材料和截面→截面→添加，如图 5-40 所示。

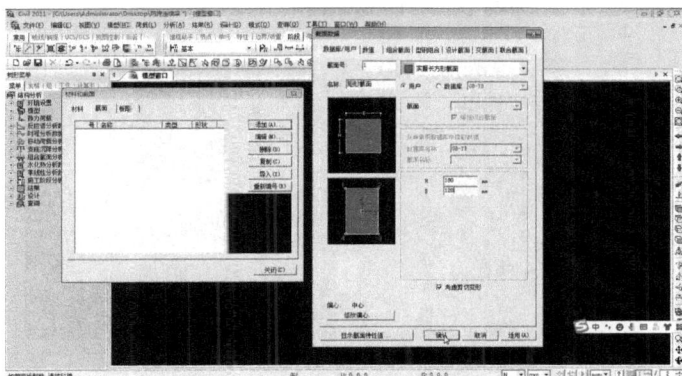

图 5-40　定义截面

3）输入节点和单元

（1）模型→节点→建立→节点起始号 1（图 5-41）→坐标（0,0,0）→适用（图 5-42）。

（2）鼠标靠近节点号 1→显示坐标（X=0,Y=0,Z=0）（图 5-43）→视点→正面（图 5-44）→打开节点号（图 5-45）。

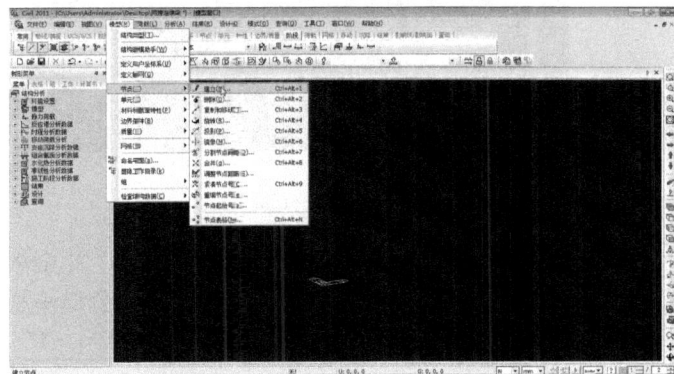

图 5-41　建立 1 号节点

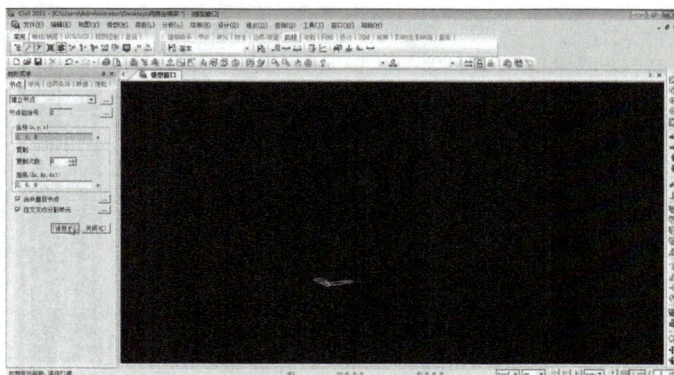

图 5-42　适用

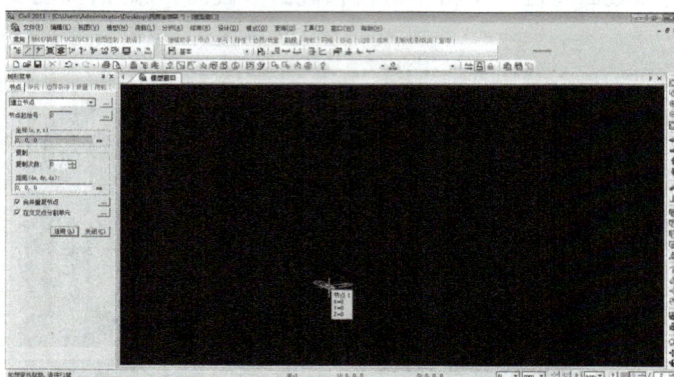

图 5-43　显示节点号坐标

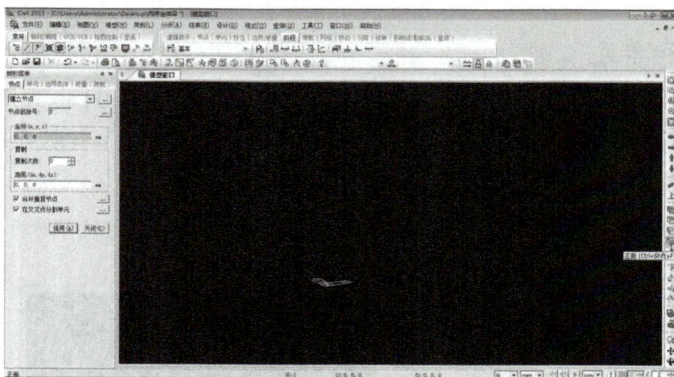

图 5-44　视点→正面

（3）输入节点号 2 的横坐标 X = 3000→点击适用（图 5-46）。其余以此类推（图 5-47、图 5-48）→点击自动对齐，显示全部 4 个节点及其编号。各个节点的横坐标见表 5-2。

节点的横坐标　　　　　　　　　　　　　　　　　　　表 5-2

节点编号	1	2	3	4
横坐标 X（mm）	0	3000	6000	12000

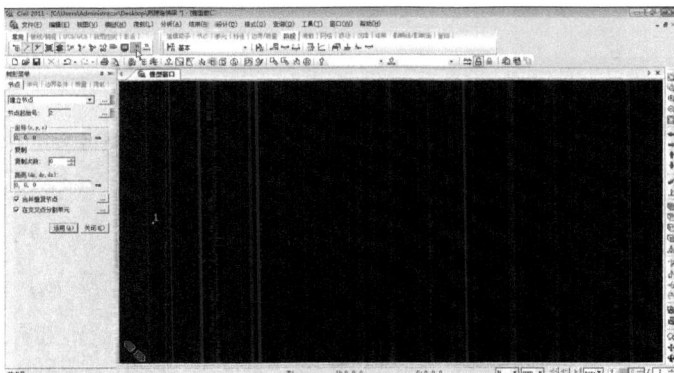
图 5-45　打开节点号

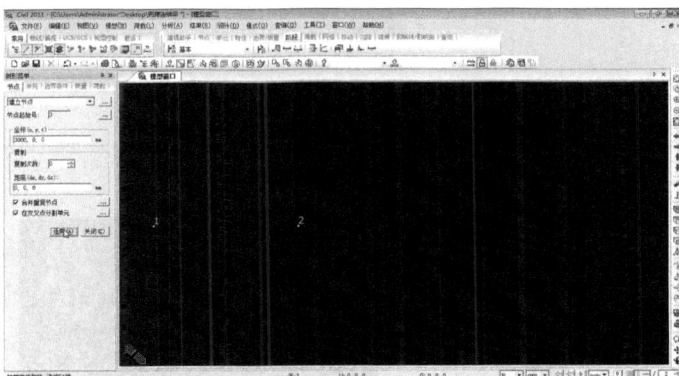
图 5-46　建立 2 号节点

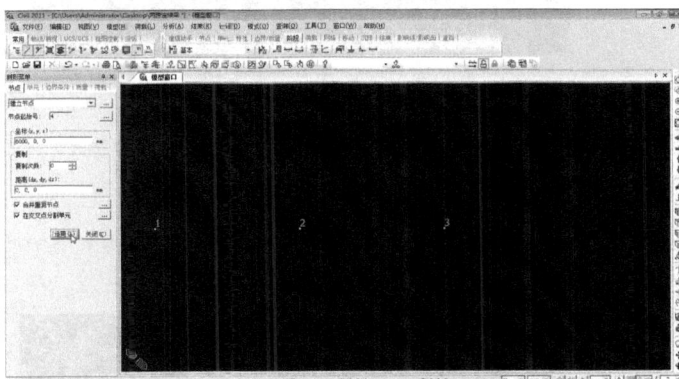
图 5-47　建立 3 号节点

（4）模型/单元→建立（图 5-49）→连接 1 号与 2 号节点，再连接 2 号→3 号、3 号→4 号，如图 5-50 ~ 图 5-52 所示。

（5）观察模型：正面视图→消隐→正面→点击单元号，依次如图 5-53 ~ 图 5-56 所示。

4）输入边界条件

（1）模型→边界条件→一般支撑，如图 5-57 所示。

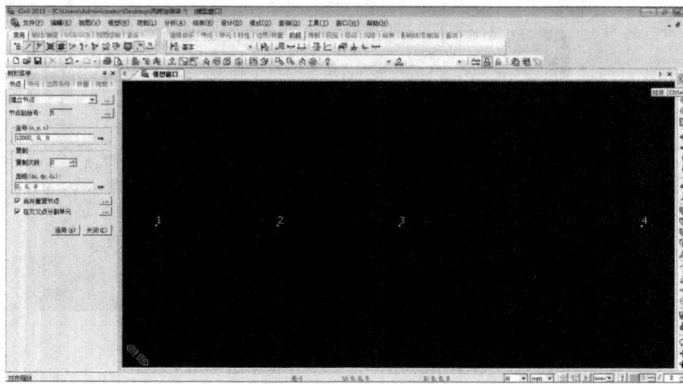

图 5-48　建立 4 号节点

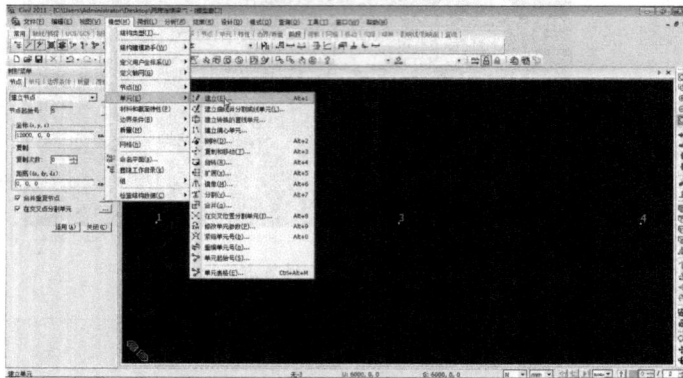

图 5-49　建立单元

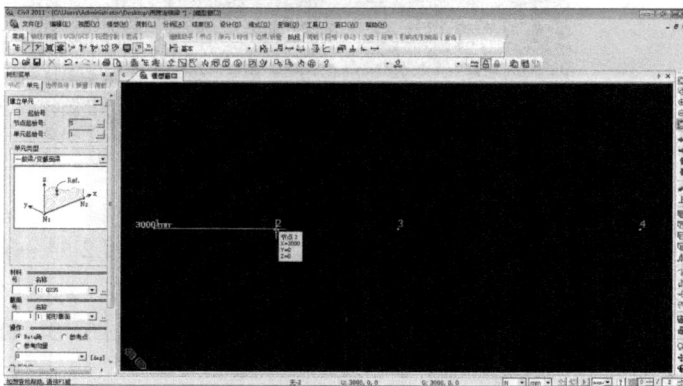

图 5-50　连接 1 号与 2 号节点

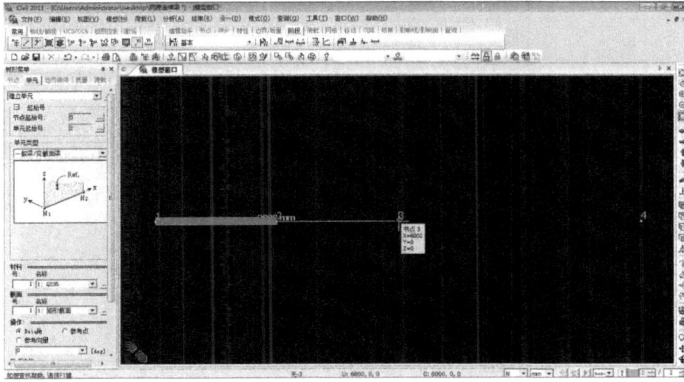

图 5-51　连接 2 号与 3 号节点

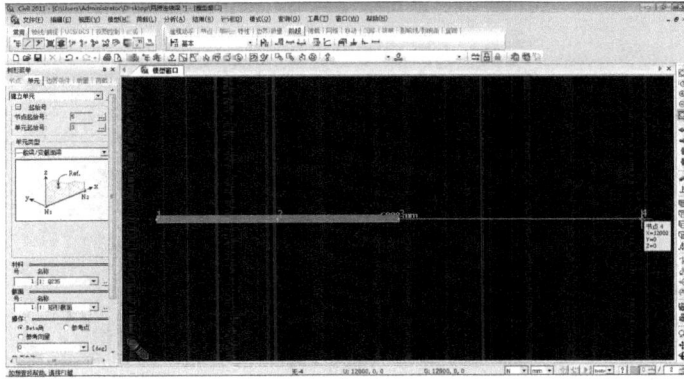

图 5-52　连接 3 号与 4 号节点

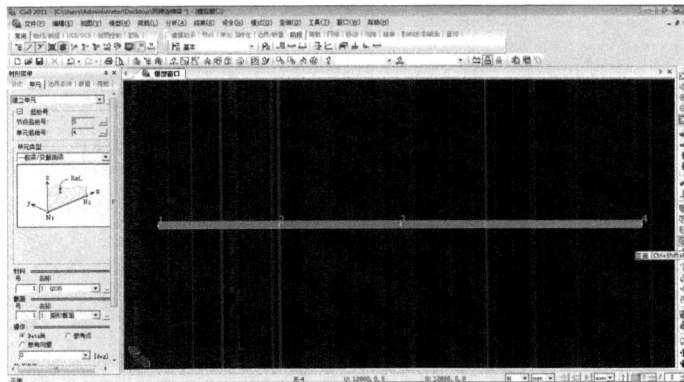

图 5-53　观察模型:正面视图

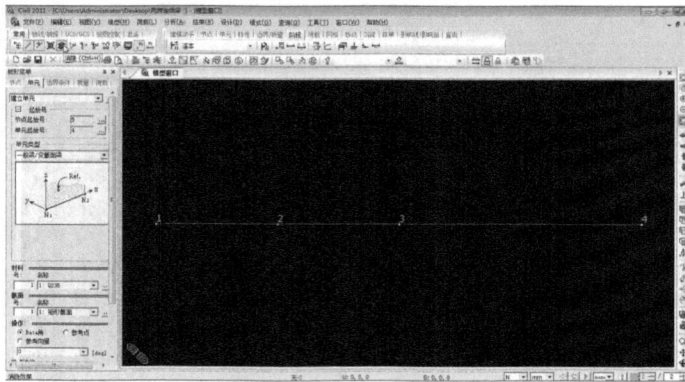

图 5-54　观察模型:消隐

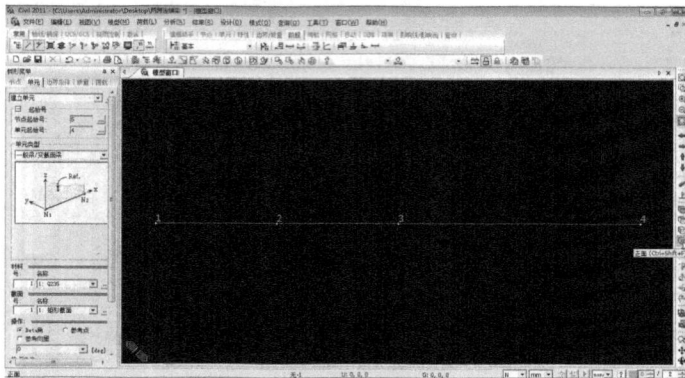

图 5-55　观察模型:视点→正面

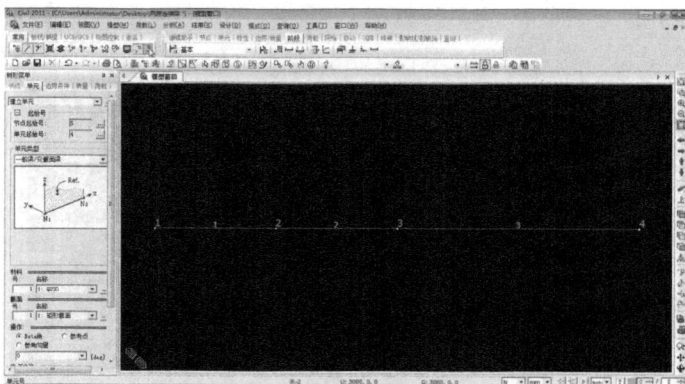

图 5-56　显示单元号

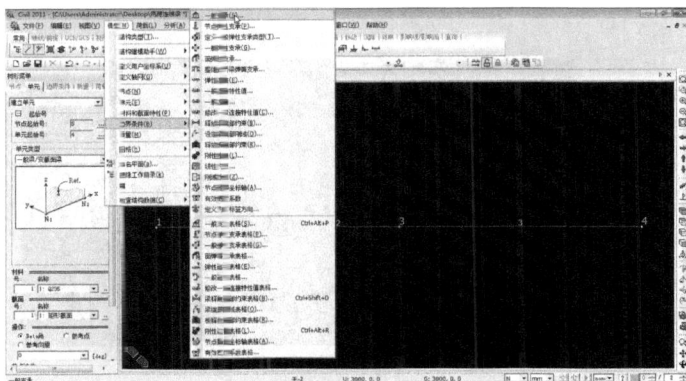

图 5-57　选择一般支撑

（2）点击 D-ALL、RALL 的全部六个复选框→单选→点击 1 号节点→适用，如图 5-58 ~
图 5-61所示。

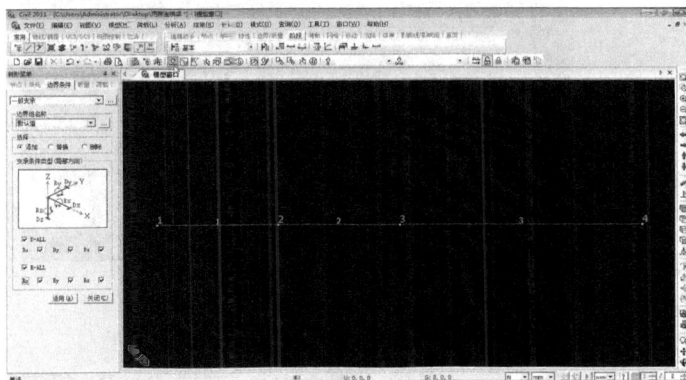

图 5-58　选择→单选

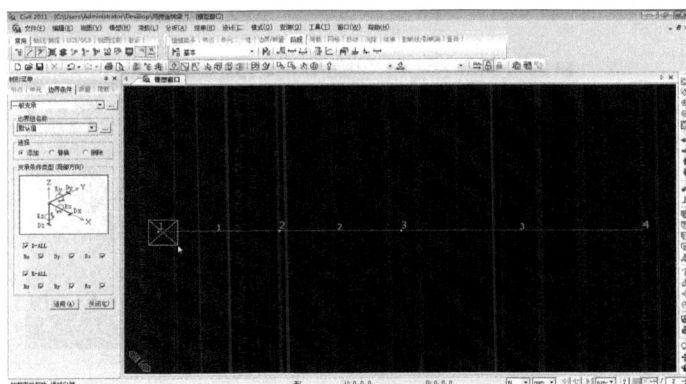

图 5-59　选定住 A 点

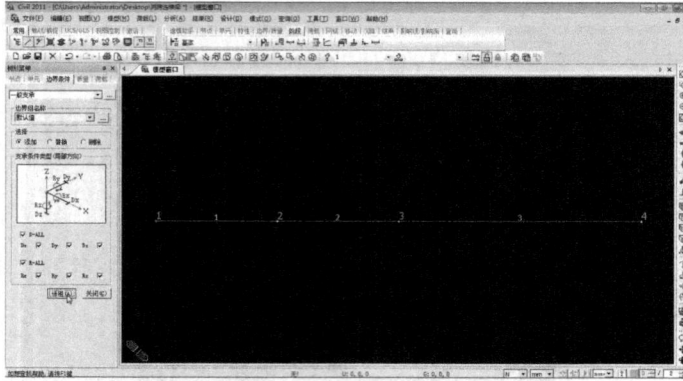

图 5-60　适用

施工临时结构检算（第 3 版）

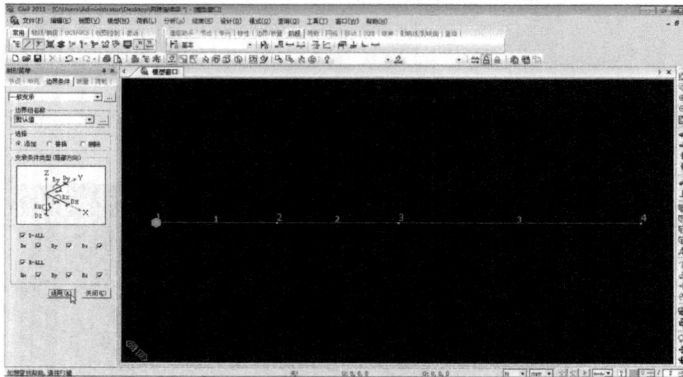

图 5-61　观察适用后的效果

（3）点击单选后选中 3 号节点→选中 4 号节点→去掉 Dx、Ry 复选框→适用，依次如图 5-62 ~ 图 5-65 所示。

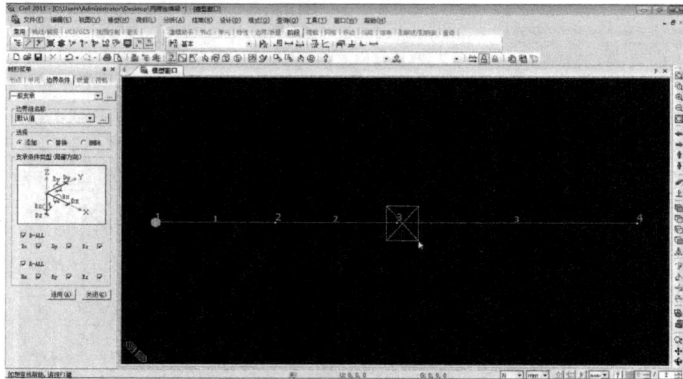

图 5-62　选中 3 号节点

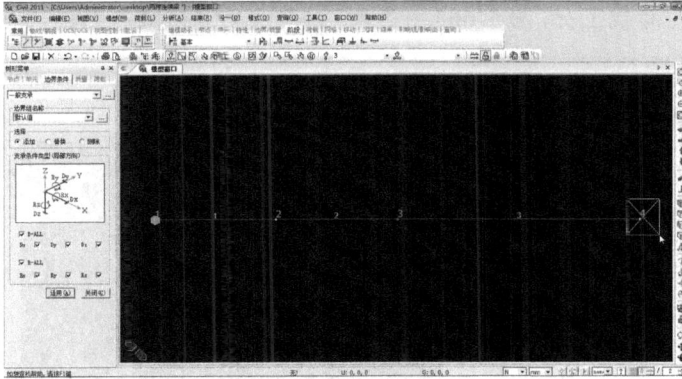

图 5-63　选中 4 号节点

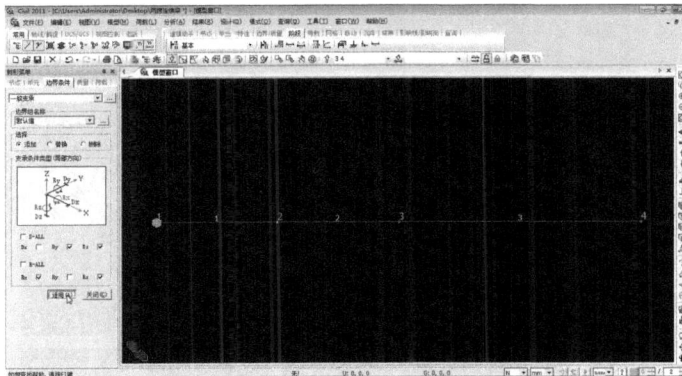

图 5-64　去掉 Dx、Ry 复选框

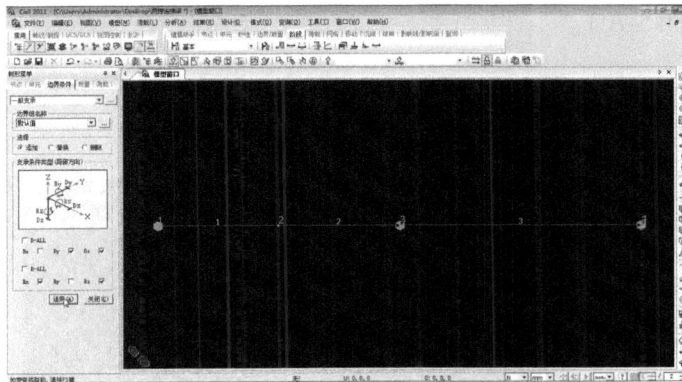

图 5-65　观察适用后的效果

5）输入荷载

（1）荷载→静力荷载工况（图5-66）→类型：用户定义的荷载→名称：荷载1（图5-67）。

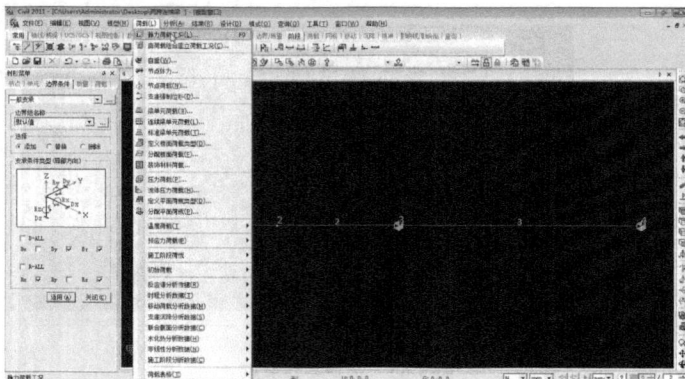

图5-66　选择静力荷载工况

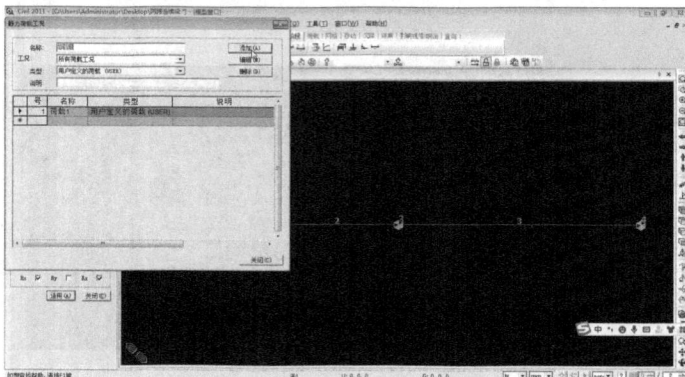

图5-67　名称：荷载1

（2）树形菜单→荷载→节点荷载→单选→选中2号节点（图5-68）→FZ = −20000（图5-69）→适用（图5-70）。

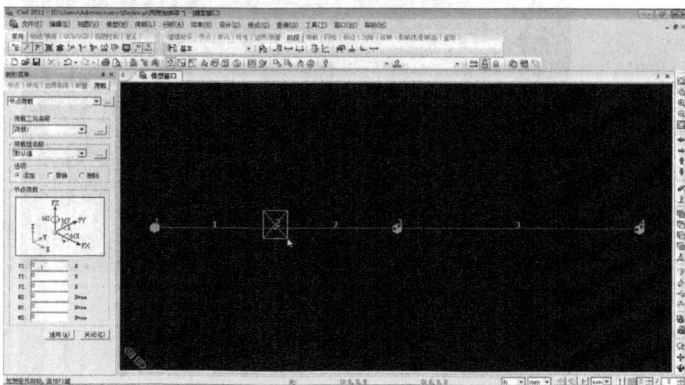

图5-68　选中2号节点

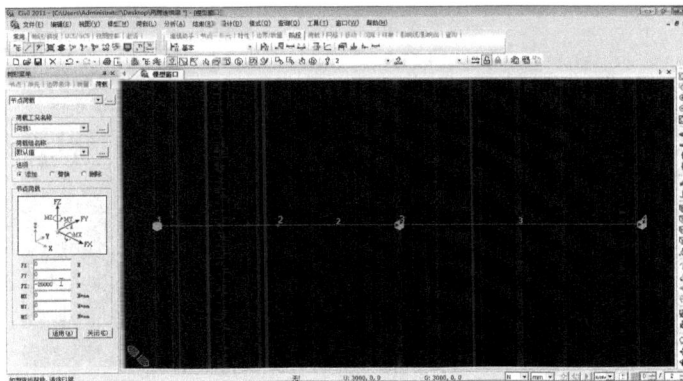

图 5-69　输入集中荷载 – 20000

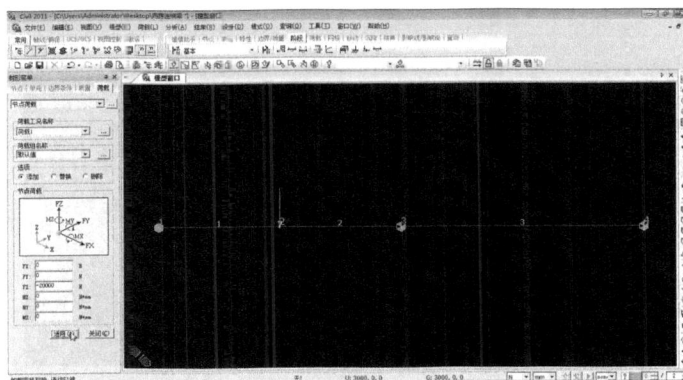

图 5-70　适用

（3）树形菜单→荷载→梁单元荷载（单元）（图 5-71）→单选→选中 3 单元（图 5-72）→树形菜单→数值→输入相对值 X1 = 0、X2 = 1，且输入 W = – 6（图 5-73）→适用（图 5-74）。

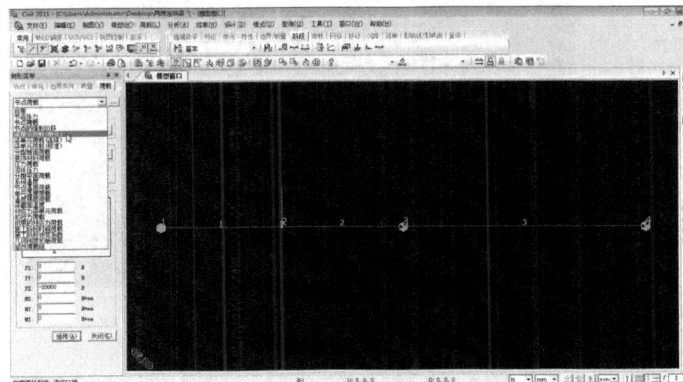

图 5-71　选择梁单元荷载（单元）

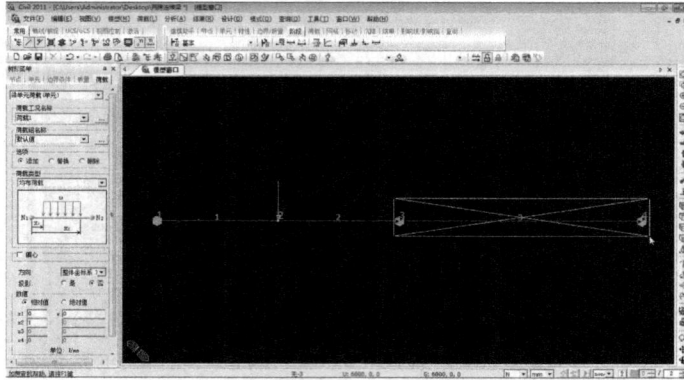

图 5-72　选中 3 单元

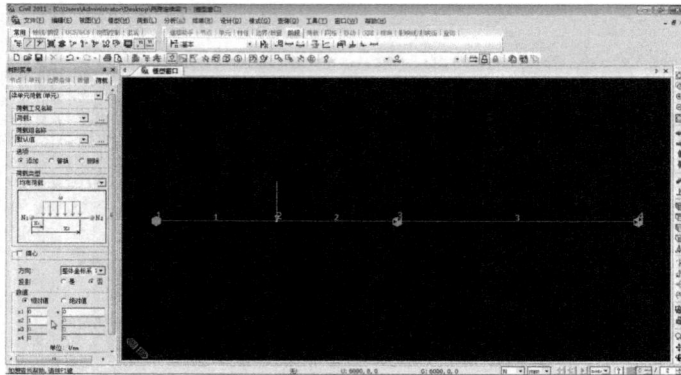

图 5-73　输入相对值（X1 = 0、X2 = 1）

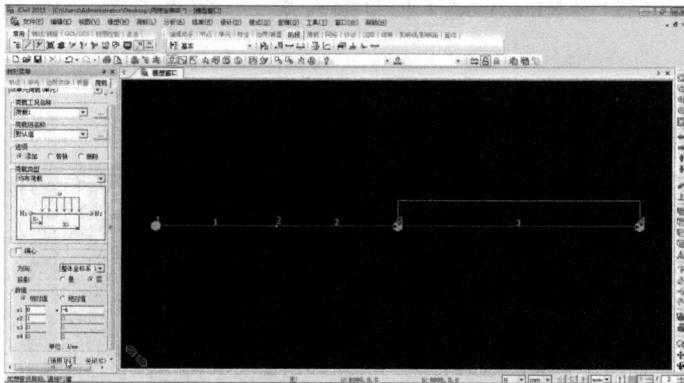

图 5-74　3 单元上（即 B、C 之间）施加均布荷载

6）运行分析

菜单栏→分析→运行分析，如图5-75、图5-76所示。

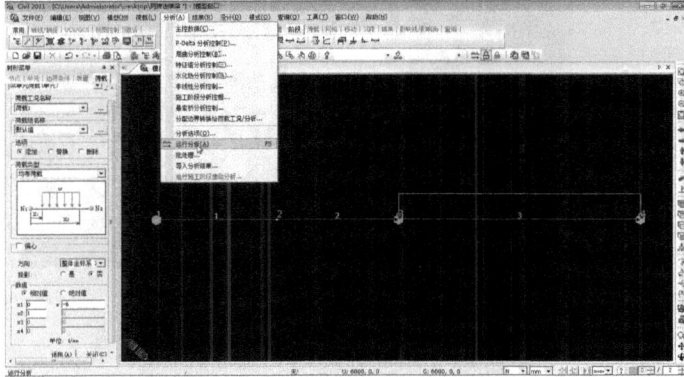

图5-75　点击运行分析

图5-76　正在求解

7）查看挠度图

菜单栏→结果→位移→位移形状，如图5-77～图5-79所示。

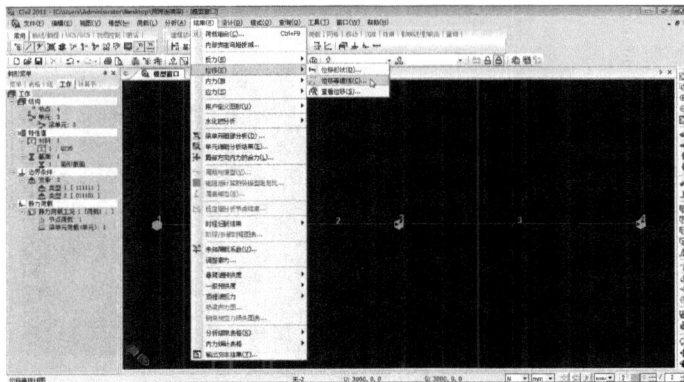

图5-77　点击位移形状

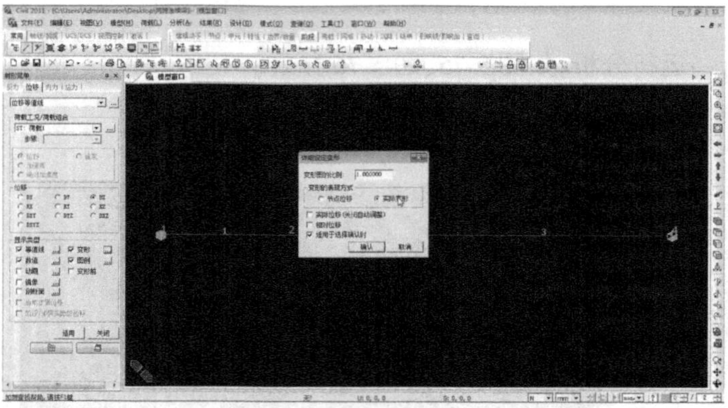

图 5-78　设定实际变形比例

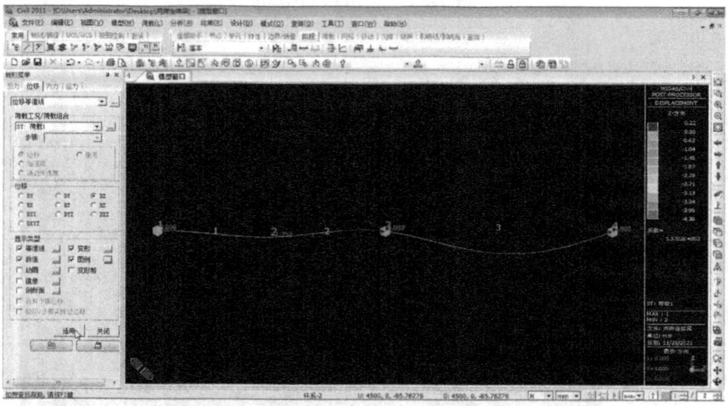

图 5-79　查看挠度图

8）查看弯矩图

菜单栏→结果→内力→梁单元内力图（图 5-80）→适用（图 5-81）。

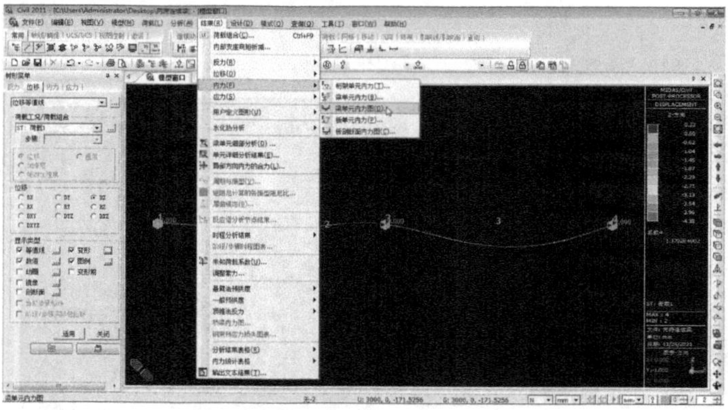

图 5-80　点击梁单元内力图

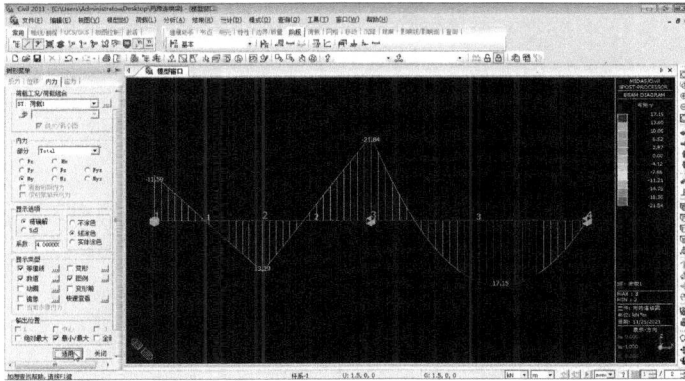

图 5-81 适用后查看弯矩图

9）查看剪力图

选中内力 **FZ** 复选框→工具栏的显示→显示控制选项→绘图→梁/墙单元内力图→反转内力图（图 5-82）→确定并退出→适用（图 5-83）。

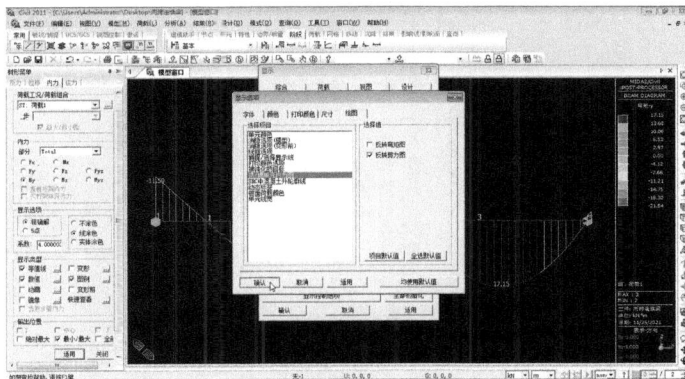

图 5-82 反转内力图

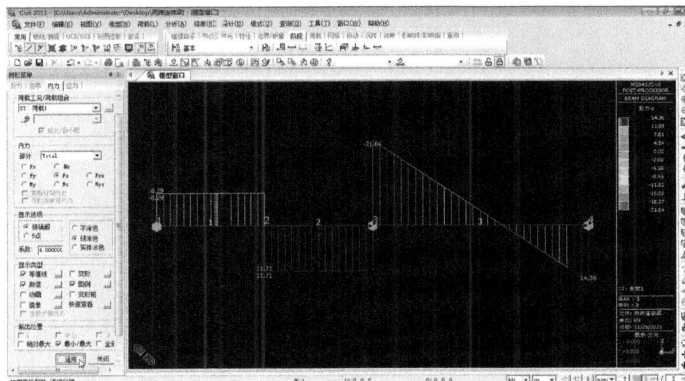

图 5-83 适用后查看剪力图

附　　表

施工临时结构检算（第3版）

附表1

钢模板规格编码表

模板长度（mm）

模板名称 宽度（mm）	450 代号	450 尺寸	600 代号	600 尺寸	750 代号	750 尺寸	900 代号	900 尺寸	1200 代号	1200 尺寸	1500 代号	1500 尺寸	1800 代号	1800 尺寸	2100 代号	2100 尺寸
1200	P12004	1200×450	P12006	1200×600	P12007	1200×750	P12009	1200×900	P12012	1200×1200	P12015	1200×1500	P12018	1200×1800	P12021	1200×2100
1050	P10504	1050×450	P10506	1050×600	P10507	1050×750	P10509	1050×900	P10512	1050×1200	P10515	1050×1500	P10518	1050×1800	P10521	1050×2100
900	P9004	900×450	P9006	900×600	P9007	900×750	P9009	900×900	P9012	900×1200	P9015	900×1500	P9018	900×1800	P9021	900×2100
750	P7504	750×450	P7506	750×600	P7507	750×750	P7509	750×900	P7512	750×1200	P7515	750×1500	P7518	750×1800	P7521	750×2100
600	P6004	600×450	P6006	600×600	P6007	600×750	P6009	600×900	P6012	600×1200	P6015	600×1500	P6018	600×1800	—	—
550	P5504	550×450	P5506	550×600	P5507	550×750	P5509	550×900	P5512	550×1200	P5515	550×1500	P5518	550×1800	—	—
500	P5004	500×450	P5006	500×600	P5007	500×750	P5009	500×900	P5012	500×1200	P5015	500×1500	P5018	500×1800	—	—
450	P4504	450×450	P4506	450×600	P4507	450×750	P4509	450×900	P4512	450×1200	P4515	450×1500	P4518	450×1800	—	—
400	P4004	400×450	P4006	400×600	P4007	400×750	P4009	400×900	P4012	400×1200	P4015	400×1500	P4018	400×1800	—	—
350	P3504	350×450	P3506	350×600	P3507	350×750	P3509	350×900	P3512	350×1200	P3515	350×1500	P3518	350×1800	—	—
300	P3004	300×450	P3006	300×600	P3007	300×750	P3009	300×900	P3012	300×1200	P3015	300×1500	—	—	—	—
250	P2504	250×450	P2506	250×600	P2507	250×750	P2509	250×900	P2512	250×1200	P2515	250×1500	—	—	—	—
200	P2004	200×450	P2006	200×600	P2007	200×750	P2009	200×900	P2012	200×1200	P2015	200×1500	—	—	—	—
150	P1504	150×450	P1506	150×600	P1507	150×750	P1509	150×900	P1512	150×1200	P1515	150×1500	P1518	150×1800	—	—
100	P1004	100×450	P1006	100×600	P1007	100×750	P1009	100×900	P1012	100×1200	P1015	100×1500	—	—	—	—
转角模板 阴角模板（代号E）	E1504	150×150×450	E1506	150×150×600	E1507	150×150×750	E1509	150×150×900	E1512	150×150×1200	E1515	150×150×1500	E1518	150×150×1800	—	—
转角模板 阴角模板（代号E）	E1004	100×150×450	E1006	100×150×600	E1007	100×150×750	E1009	100×150×900	E1012	100×150×1200	E1015	100×150×1500	E1018	100×150×1800	—	—

平面模板代号P

模板长度（mm）

模板名称	450 代号	450 尺寸	600 代号	600 尺寸	750 代号	750 尺寸	900 代号	900 尺寸	1200 代号	1200 尺寸	1500 代号	1500 尺寸	1800 代号	1800 尺寸	2100 代号	2100 尺寸
转角模板 阳角模板（代号 Y）	Y1004	100×100×450	Y1006	100×100×600	Y1007	100×100×750	Y1009	100×100×900	Y1012	100×100×1200	Y1015	100×100×1500	Y1018	100×100×1800		
阳角模板（代号 Y）	Y0504	50×50×450	Y0506	50×50×600	Y0507	50×50×750	Y0509	50×50×900	Y0512	50×50×1200	Y0515	50×50×1500	Y0518	50×50×1800		—
连接角模（代号 J）	J0004	50×50×450	J0006	50×50×600	J0007	50×50×750	J0009	50×50×900	J0012	50×50×1200	J0015	50×50×1500	J0018	50×50×1800		
倒棱模板 角倒棱板（代号 JL）	JL1704	17×450	JL1706	17×600	JL1707	17×750	JL1709	17×900	JL1712	17×1200	JL1715	17×1500	JL1718	17×1800		
角倒棱板（代号 JL）	JL4504	45×450	JL4506	45×600	JL4507	45×750	JL4509	45×900	JL4512	45×1200	JL4515	45×1500	JL4518	45×1800		
圆棱模板（代号 YL）	YL2004	20×450	YL2006	20×600	YL2007	20×750	YL2009	20×900	YL2012	20×1200	YL2015	20×1500	YL2018	20×1800		
圆棱模板（代号 YL）	YL3504	35×450	YL3506	35×600	YL3507	35×750	YL3509	35×900	YL3512	35×1200	YL3515	35×1500	YL3518	35×1800		
梁腋模板（代号 IY）	IY1004	100×50×450	IY1006	100×50×600	IY1007	100×50×750	IY1009	100×50×900	IY1012	100×50×1200	IY1015	10050×1500	IY1018	100×50×1800		
梁腋模板（代号 IY）	IY1504	150×50×450	IY1506	150×50×600	IY1507	150×50×750	IY1509	150×50×900	IY1512	150×50×1200	IY1515	150×50×1500	IY1518	150×50×1800		
柔性模板（代号 Z）	Z1004	100×450	Z1006	100×600	Z1007	100×750	Z1009	100×900	Z1012	100×1200	Z1015	100×1500	Z1018	100×1800		
搭接模板（代号 D）	D7504	75×450	D7506	75×600	D7507	757×50	D7509	75×900	D7512	75×1200	D7515	75×1500	D7518	75×1800		
可调模板 双曲可调模板（代号 T）	—	—	T3006	300×600	—	—	T3009	300×900	—	—	T3015	300×1500	T3018	300×1800		
双曲可调模板（代号 T）	—	—	T2006	200×600	—	—	T2009	200×900	—	—	T2015	200×1500	T2018	200×1800		
变角可调模板（代号 B）	—	—	B2006	200×600	—	—	B2009	200×900	—	—	R2015	200×1500	B2018	200×1800		
变角可调模板（代号 B）	—	—	B1606	160×600	—	—	B1609	160×900	—	—	B1615	160×1500	B1618	160×1800		

钢模板的组成及规格

名称			图示	功能	宽度（mm）	长度（mm）	肋高（mm）
钢模板	平面模板		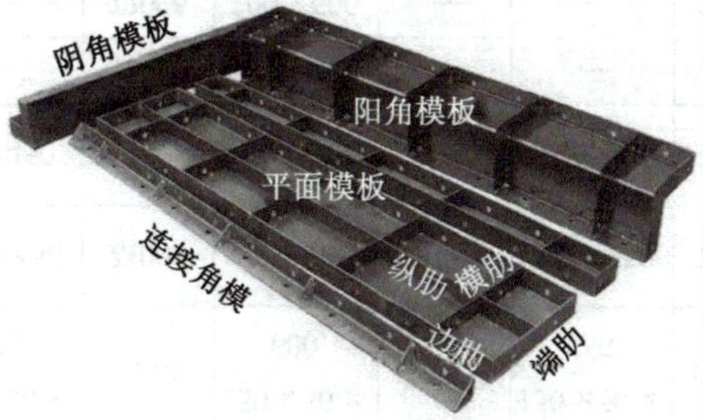	用于基础墙体、梁、柱和板等各种结构的平面部位	1200、1050、900、750、600、550、500、450、400、350、300、250、200、150、100	2100、1800、1500、1200、900、750、600、450	55
	转角模板	阴角模板		用于墙体和各种构件的内角及凹角的转角部位	150×150、100×150	1800、1500、1200、900、750、600、450	
		阳角模板		用于柱梁及墙体等外角及凸角的转角部位	100×100、50×50	750、600、450	
		连接角模		用于柱梁及墙体等外角及凸角的转角部位	50×50	1500、1200、900、750、600、450	
	倒棱模板	角棱模板		用于柱梁及墙体等阴角的倒棱部位	17、45	1800、1500、1200、900、750、600、450	
		圆棱模板			R20、R35		
	梁腋模板			用于暗梁明梁沉箱及高架结构等梁腋部位	50×150、50×100	1500、1200、900、750、600、450	
	柔性模板			用于圆形简壁曲面墙体等结构部位	100		
	搭接模板			用于调节 50mm 以内的拼装模板尺寸	75		
	可调模板	双曲可调模板		用于构筑物曲面部位	300、200		
		变角可调模板		用于展开面为扇形或梯形的构筑物的结构部位	200、160	1500、900、600	
	嵌补模板	平面嵌板		用于梁板墙柱等结构的接头部位	200、150、100	300、200、150	
		阴角嵌板			150×150、100×150		
		阳角嵌板			100×100、50×50		
		连接嵌板			50×50		

附表 2-2

连接件的组成及规格

名称		图示	功能	规格（mm）	
连接件	U 形卡		用于钢模板纵横向自由拼接将相邻钢模板夹紧固定	φ12	Q235 钢板
	L 形插销		用作增强钢模板纵向拼接刚度保证接缝处板面平整	φ12, l=345	
	钩头螺栓		用作钢模板与内外钢楞之间的连接固定	φ12, l=205、180	
	边肋连接销	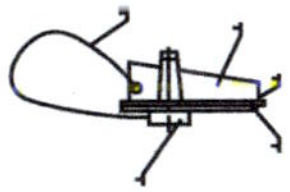	锥销穿过钢模板边肋锥销孔,楔形板敲入锥销方孔并楔紧,将楔形板敲出即可拆卸。楔形夹紧方式,多次重复使用	φ12	
	紧固螺栓	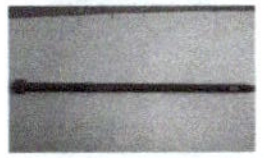	用作紧固内外钢楞,增强拼接模板的整体固定	φ12, l=480	Q235 钢
	对拉螺栓		用作拉结两竖向模板,保持两侧模板的间距,承受混凝土侧压力和其他荷重,确保模板有足够的刚度和强度	M12、M14、M16、T12、T14、T16、T18、T20	Q235 钢板
	扣件	碟形扣件		用作钢楞与钢模板或钢楞之间的紧固连接,与其他配件一起将钢模板拼装连成整体扣件,应与相应的钢楞配套	26 型,12 型	Q235 圆钢
		3 形扣件			26 型,18 型	

154

（第3版）施工临时结构计算

支承件的组成及规格

名称	图示	功能	规格（mm）	
钢楞		用于支承钢模板和加强其整体刚度，钢楞材料有圆钢管、矩形钢管和内卷边边槽钢等形式	圆钢管型	φ48×3.5
			矩形钢管型	□80×40×2.0, □100×50×3.0
			轻型槽钢管型	[80×40×3.0, [100×50×3.0
			内卷边边槽钢型	[80×40×15×3.0, 100×50×20×3.0
			轧制槽钢型	[80×43×5.0
柱箍		用于支承和夹紧模板，其形式应根据柱模尺寸和侧压力大小等因素来选择	角钢型	∠75×50×5
			槽型钢	[80×43×5, [100×48×5.3
梁卡具		将大梁、过梁等钢模板夹紧固定的装置，并承受混凝土侧压力	圆钢管型	φ48×3.5
			YJ型	断面小于 600×500
			圆钢管型	断面小于 700×500
钢支柱		用于承受水平模板传递的竖向模板，支柱有单管支柱、四管支柱等多种形式	单管支柱 C-18型 l=1812~3112, C-22型 l=2212~3512, C-27型 l=2712~4012	四管支柱 GH-125型 l=1250, GH-150型 l=1500, GH-175型 l=1750, GH-200型 l=2000, GH-300型 l=3000
早拆柱头	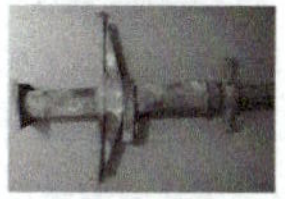	用于梁和模板的支撑柱头，以及模板早拆	l=600,500	
斜撑		用于承受单侧模板的侧向荷载和调整竖向支模的垂直度	—	

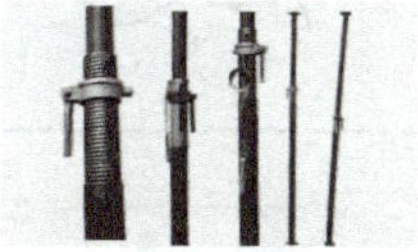

支承件

名称		图示	功能	规格（mm）	
桁架			有平面可调桁架和曲面可变桁架两种，平面可调桁架用于支承楼板、曲面可变桁架平面构件的模板，曲面构件支承曲面构件的模板	平面可调桁架	330×1990 247×2000 247×3000 247×4000 247×5000
				曲面可变桁架	
支承件	钢管脚手支架		用作梁楼板及平台等模板支架及外脚手架等	$\phi48×3.5，l=2000、6000$	
	门式支架		用作梁楼板支架及平台等模板支架和移动脚手架等	宽度 $b=1200、900$	
	钢管支架		主要用于层高较大的梁、板等水平构件模板的垂直支撑		
	碗扣式支架		用作梁等模板支架及平台等模板支架内外脚手架和移动脚手架等	立柱 $l=3000、2400、1800、1200、900、600$	
	方塔式支架	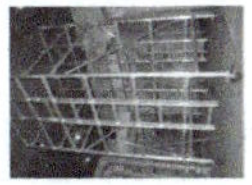	用作梁等模板支架及平台等模板支架等	宽度 $b=1200、1000、900$，高度 $h=1300、1000$	

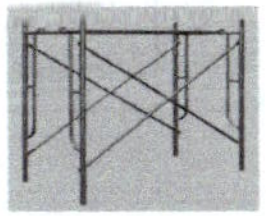

施工结构可靠度检算（第3版）

附表3

平面模板截面特征

模板宽度 b(mm)

名称	1200	1050	900	750	600	550	500	450
板面厚度 δ(mm)	2.75 / 3.00	2.75 / 3.00	2.75 / 3.00	2.75 / 3.00	2.75 / 3.00	2.75 / 3.00	2.75 / 3.00	2.75 / 3.00
助板厚度 δ_1(mm)	2.75 / 3.00	2.75 / 3.00	2.75 / 3.00	2.75 / 3.00	2.75 / 3.00	2.75 / 3.00	2.75 / 3.00	2.75 / 3.00
净截面面积 A(cm²)	48.80 / 52.00	44.60 / 47.50	40.50 / 43.00	32.10 / 34.20	28.00 / 29.70	23.90 / 28.00	20.90 / 22.40	19.60 / 20.90
中性轴位置 Y_x(cm)	1.00 / 0.97	1.08 / 1.05	1.17 / 1.14	1.09 / 1.06	1.23 / 1.21	1.00 / 0.99	1.06 / 1.04	1.12 / 1.10
净截面惯性矩 I_x(cm⁴)	131.00 / 135.40	128.00 / 132.00	123.90 / 128.00	94.80 / 95.10	87.50 / 90.70	58.00 / 60.60	57.00 / 59.50	55.70 / 58.20
净截面抵抗矩 W_x(cm³)	29.10 / 29.90	29.00 / 29.70	28.60 / 29.40	20.80 / 21.40	20.50 / 21.10	12.90 / 13.40	12.80 / 13.30	12.70 / 13.20

模板宽度 b(mm)

名称	400	350	300	250	200	150	100
板面厚度 δ(mm)	2.75 / 3.00	2.75 / 3.00	2.50 / 2.75	2.50 / 2.75	2.50 / 2.75	2.50 / 2.75	2.50 / 2.75
助板厚度 δ_1(mm)	3.00 / 3.00	3.00 / 3.00	2.50 / 2.75	2.50 / 2.75	—	—	—
净截面面积 A(cm²)	18.20 / 19.4	12.80 / 13.94	10.40 / 11.42	9.15 / 10.05	6.91 / 7.61	5.69 / 6.24	4.44 / 4.86
中性轴位置 Y_x(cm)	1.20 / 1.18	0.99 / 1.00	0.96 / 1.08	1.07 / 1.20	0.96 / 1.08	1.14 / 1.27	1.43 / 1.54
净截面惯性矩 I_x(cm⁴)	54.20 / 56.70	32.38 / 35.11	26.97 / 36.30	25.98 / 29.89	17.98 / 20.85	16.91 / 19.37	15.25 / 17.19
多截面抵抗矩 W_x(cm³)	12.60 / 13.10	7.18 / 7.80	5.94 / 8.21	5.86 / 6.95	3.96 / 4.72	3.88 / 4.58	3.75 / 4.34

附表 4

a 类截面轴心受压构件的稳定系数 φ

λ/ε_k	0	1	2	3	4	5	6	7	8	9
0	1.000	1.000	1.000	1.000	0.999	0.999	0.998	0.998	0.997	0.996
10	0.995	0.994	0.993	0.992	0.991	0.989	0.988	0.986	0.985	0.983
20	0.981	0.979	0.977	0.976	0.974	0.972	0.970	0.968	0.966	0.964
30	0.963	0.961	0.959	0.957	0.955	0.952	0.950	0.948	0.946	0.944
40	0.941	0.939	0.937	0.934	0.932	0.929	0.927	0.924	0.921	0.919
50	0.916	0.913	0.91	0.907	0.904	0.900	0.897	0.894	0.890	0.886
60	0.883	0.879	0.875	0.871	0.867	0.863	0.858	0.854	0.849	0.844
70	0.839	0.834	0.829	0.824	0.818	0.813	0.807	0.801	0.795	0.789
80	0.783	0.776	0.770	0.763	0.757	0.750	0.743	0.736	0.728	0.721
90	0.714	0.706	0.699	0.691	0.684	0.676	0.668	0.661	0.653	0.645
100	0.638	0.630	0.622	0.615	0.607	0.600	0.592	0.585	0.577	0.570
110	0.563	0.555	0.548	0.541	0.534	0.527	0.520	0.514	0.507	0.500
120	0.494	0.488	0.481	0.475	0.469	0.463	0.457	0.451	0.445	0.440
130	0.434	0.429	0.423	0.418	0.412	0.407	0.402	0.397	0.392	0.387
140	0.383	0.378	0.373	0.369	0.364	0.360	0.356	0.351	0.347	0.343
150	0.339	0.335	0.331	0.327	0.323	0.320	0.316	0.312	0.309	0.305
160	0.302	0.298	0.295	0.292	0.289	0.285	0.282	0.279	0.276	0.273
170	0.270	0.267	0.264	0.262	0.259	0.256	0.253	0.251	0.248	0.246
180	0.243	0.241	0.238	0.236	0.233	0.231	0.229	0.226	0.224	0.222
190	0.220	0.218	0.215	0.213	0.211	0.209	0.207	0.205	0.203	0.201
200	0.199	0.198	0.196	0.194	0.192	0.190	0.189	0.187	0.185	0.183
210	0.182	0.180	0.179	0.177	0.175	0.174	0.172	0.171	0.169	0.168
220	0.166	0.165	0.164	0.162	0.161	0.159	0.158	0.157	0.155	0.154
230	0.153	0.152	0.150	0.149	0.148	0.147	0.146	0.144	0.143	0.142
240	0.141	0.140	0.139	0.138	0.136	0.135	0.134	0.133	0.132	0.131
250	0.130	—	—	—	—	—	—	—	—	—

注：表中 λ 为长细比，ε_k 为钢号修正系数，其值为 235 与钢材牌号中屈服点数值的比值的平方根。

附表5

b类截面轴心受压构件的稳定系数 φ

λ/ε_k	0	1	2	3	4	5	6	7	8	9
0	1.000	1.000	1.000	0.999	0.999	0.998	0.997	0.996	0.995	0.994
10	0.992	0.991	0.989	0.987	0.985	0.983	0.981	0.978	0.976	0.973
20	0.970	0.967	0.963	0.960	0.957	0.953	0.950	0.946	0.943	0.939
30	0.936	0.932	0.929	0.925	0.922	0.918	0.914	0.910	0.906	0.903
40	0.899	0.895	0.891	0.887	0.882	0.878	0.874	0.870	0.865	0.861
50	0.856	0.852	0.847	0.842	0.838	0.833	0.828	0.823	0.818	0.813
60	0.807	0.802	0.797	0.791	0.786	0.780	0.774	0.769	0.763	0.757
70	0.751	0.745	0.739	0.732	0.726	0.720	0.714	0.707	0.701	0.694
80	0.688	0.681	0.675	0.668	0.661	0.655	0.648	0.641	0.635	0.628
90	0.621	0.614	0.608	0.601	0.594	0.588	0.581	0.575	0.568	0.561
100	0.555	0.549	0.542	0.536	0.529	0.523	0.517	0.511	0.505	0.499
110	0.493	0.487	0.481	0.475	0.470	0.464	0.458	0.453	0.447	0.442
120	0.437	0.432	0.426	0.421	0.416	0.411	0.406	0.402	0.397	0.392
130	0.387	0.383	0.378	0.374	0.370	0.365	0.361	0.357	0.353	0.349
140	0.345	0.341	0.337	0.333	0.329	0.326	0.322	0.318	0.315	0.311
150	0.308	0.304	0.301	0.298	0.295	0.291	0.288	0.285	0.282	0.279
160	0.276	0.273	0.270	0.267	0.265	0.262	0.259	0.256	0.254	0.251
170	0.249	0.246	0.244	0.241	0.239	0.236	0.234	0.232	0.229	0.227
180	0.225	0.223	0.220	0.218	0.216	0.214	0.212	0.210	0.208	0.206
190	0.204	0.202	0.200	0.198	0.197	0.195	0.193	0.191	0.190	0.188
200	0.186	0.184	0.183	0.181	0.180	0.178	0.176	0.175	0.173	0.172
210	0.170	0.169	0.167	0.166	0.165	0.163	0.162	0.160	0.159	0.158
220	0.156	0.155	0.154	0.153	0.151	0.150	0.149	0.148	0.146	0.145
230	0.144	0.143	0.142	0.141	0.140	0.138	0.137	0.136	0.135	0.134
240	0.133	0.132	0.131	0.130	0.129	0.128	0.127	0.126	0.125	0.124
250	0.123	—	—	—	—	—	—	—	—	—

c 类截面轴心受压构件的稳定系数 φ

λ/ε_k	0	1	2	3	4	5	6	7	8	9
0	1.000	1.000	1.000	0.999	0.999	0.998	0.997	0.996	0.995	0.993
10	0.992	0.990	0.988	0.986	0.983	0.981	0.978	0.976	0.973	0.970
20	0.966	0.959	0.953	0.947	0.940	0.934	0.928	0.921	0.915	0.909
30	0.902	0.896	0.890	0.884	0.877	0.871	0.865	0.858	0.852	0.846
40	0.839	0.833	0.826	0.820	0.814	0.807	0.801	0.794	0.788	0.781
50	0.775	0.768	0.762	0.755	0.748	0.742	0.735	0.729	0.722	0.715
60	0.709	0.702	0.695	0.689	0.682	0.676	0.669	0.662	0.656	0.649
70	0.643	0.636	0.629	0.623	0.616	0.610	0.604	0.597	0.591	0.584
80	0.578	0.572	0.566	0.559	0.553	0.547	0.541	0.535	0.529	0.523
90	0.517	0.511	0.505	0.500	0.494	0.488	0.483	0.477	0.472	0.467
100	0.463	0.458	0.454	0.449	0.445	0.441	0.436	0.432	0.428	0.423
110	0.419	0.415	0.411	0.407	0.403	0.399	0.395	0.391	0.387	0.383
120	0.379	0.375	0.371	0.367	0.364	0.360	0.356	0.353	0.349	0.346
130	0.342	0.339	0.335	0.332	0.328	0.325	0.322	0.319	0.315	0.312
140	0.309	0.306	0.303	0.300	0.297	0.294	0.291	0.288	0.285	0.282
150	0.280	0.277	0.274	0.271	0.269	0.266	0.264	0.261	0.258	0.256
160	0.254	0.251	0.249	0.246	0.244	0.242	0.239	0.237	0.235	0.233
170	0.230	0.228	0.226	0.224	0.222	0.220	0.218	0.216	0.214	0.212
180	0.210	0.208	0.206	0.205	0.203	0.201	0.199	0.197	0.196	0.194
190	0.192	0.190	0.189	0.187	0.186	0.184	0.182	0.181	0.179	0.178
200	0.176	0.175	0.173	0.172	0.170	0.169	0.168	0.166	0.165	0.163
210	0.162	0.161	0.159	0.158	0.157	0.156	0.154	0.153	0.152	0.151
220	0.150	0.148	0.147	0.146	0.145	0.144	0.143	0.142	0.140	0.139
230	0.138	0.137	0.136	0.135	0.131	0.133	0.132	0.131	0.130	0.129
240	0.128	0.127	0.126	0.125	0.124	0.124	0.123	0.122	0.121	0.120
250	0.119	—	—	—	—	—	—	—	—	—

附表 7

d 类截面轴心受压构件的稳定系数 φ

λ/ε_k	0	1	2	3	4	5	6	7	8	9
0	1.000	1.000	0.999	0.999	0.998	0.996	0.994	0.992	0.990	0.987
10	0.984	0.981	0.978	0.974	0.969	0.965	0.960	0.955	0.949	0.944
20	0.937	0.927	0.918	0.909	0.900	0.891	0.883	0.874	0.865	0.857
30	0.848	0.840	0.831	0.823	0.815	0.807	0.799	0.790	0.782	0.774
40	0.766	0.759	0.751	0.743	0.735	0.728	0.720	0.712	0.705	0.697
50	0.690	0.683	0.675	0.668	0.661	0.654	0.646	0.639	0.632	0.625
60	0.618	0.612	0.605	0.598	0.591	0.585	0.578	0.572	0.565	0.559
70	0.552	0.546	0.540	0.534	0.528	0.522	0.516	0.510	0.504	0.498
80	0.493	0.487	0.481	0.476	0.470	0.465	0.460	0.454	0.449	0.444
90	0.439	0.434	0.429	0.424	0.419	0.414	0.410	0.405	0.401	0.397
100	0.394	0.390	0.387	0.383	0.380	0.376	0.373	0.370	0.366	0.363
110	0.359	0.356	0.353	0.350	0.346	0.343	0.340	0.337	0.334	0.331
120	0.328	0.325	0.322	0.319	0.316	0.313	0.310	0.307	0.304	0.301
130	0.299	0.296	0.293	0.290	0.288	0.285	0.282	0.280	0.277	0.275
140	0.272	0.270	0.267	0.265	0.262	0.260	0.258	0.255	0.253	0.251
150	0.248	0.246	0.244	0.242	0.240	0.237	0.235	0.233	0.231	0.229
160	0.227	0.225	0.223	0.221	0.219	0.217	0.215	0.213	0.212	0.210
170	0.208	0.206	0.204	0.203	0.201	0.199	0.197	0.196	0.194	0.192
180	0.191	0.189	0.188	0.186	0.184	0.183	0.181	0.180	0.178	0.177
190	0.176	0.174	0.173	0.171	0.170	0.168	0.167	0.166	0.164	0.163
200	0.162	—	—	—	—	—	—	—	—	—

Q235 钢管轴心受压构件的稳定系数

λ	0	1	2	3	4	5	6	7	8	9
0	1.000	0.997	0.995	0.992	0.989	0.987	0.984	0.981	0.979	0.976
10	0.974	0.971	0.968	0.966	0.963	0.960	0.958	0.955	0.952	0.949
20	0.947	0.944	0.941	0.938	0.936	0.933	0.930	0.927	0.924	0.921
30	0.918	0.915	0.912	0.909	0.906	0.903	0.899	0.896	0.893	0.889
40	0.886	0.882	0.879	0.875	0.872	0.868	0.864	0.861	0.858	0.855
50	0.852	0.849	0.846	0.843	0.839	0.836	0.832	0.829	0.825	0.822
60	0.818	0.814	0.810	0.806	0.802	0.797	0.793	0.789	0.784	0.779
70	0.775	0.770	0.765	0.760	0.755	0.750	0.744	0.739	0.733	0.728
80	0.722	0.716	0.710	0.704	0.698	0.692	0.686	0.680	0.673	0.667
90	0.661	0.654	0.648	0.641	0.634	0.626	0.618	0.611	0.603	0.595
100	0.588	0.580	0.573	0.566	0.558	0.551	0.544	0.537	0.530	0.523
110	0.516	0.509	0.502	0.496	0.489	0.483	0.476	0.470	0.464	0.458
120	0.452	0.446	0.440	0.434	0.428	0.423	0.417	0.412	0.406	0.401
130	0.396	0.391	0.386	0.381	0.376	0.371	0.367	0.362	0.357	0.353
140	0.349	0.344	0.340	0.336	0.332	0.328	0.324	0.320	0.316	0.312
150	0.308	0.305	0.301	0.298	0.294	0.291	0.287	0.284	0.281	0.277
160	0.274	0.271	0.268	0.265	0.262	0.259	0.256	0.253	0.251	0.248
170	0.245	0.243	0.240	0.237	0.235	0.232	0.230	0.227	0.225	0.223
180	0.220	0.218	0.216	0.214	0.211	0.209	0.207	0.205	0.203	0.201
190	0.199	0.197	0.195	0.193	0.191	0.189	0.188	0.186	0.184	0.182
200	0.180	0.179	0.177	0.175	0.174	0.172	0.171	0.169	0.167	0.166
210	0.164	0.163	0.161	0.160	0.159	0.157	0.156	0.154	0.153	0.152
220	0.150	0.149	0.148	0.146	0.145	0.144	0.143	0.141	0.140	0.139
230	0.138	0.137	0.136	0.135	0.133	0.132	0.131	0.130	0.129	0.128
240	0.127	0.126	0.125	0.124	0.123	0.122	0.121	0.120	0.119	0.118
250	0.117	—	—	—	—	—	—	—	—	—

注：λ 为立杆长细比。

附表8-2

Q355钢管轴心受压构件的稳定系数

λ	0	1	2	3	4	5	6	7	8	9
0	1.000	0.997	0.994	0.991	0.988	0.985	0.982	0.979	0.976	0.973
10	0.971	0.968	0.965	0.962	0.959	0.956	0.952	0.949	0.946	0.943
20	0.940	0.937	0.934	0.930	0.927	0.924	0.920	0.917	0.913	0.909
30	0.906	0.902	0.898	0.894	0.890	0.886	0.882	0.878	0.874	0.870
40	0.867	0.864	0.860	0.857	0.853	0.849	0.845	0.841	0.837	0.833
50	0.829	0.824	0.819	0.815	0.810	0.805	0.800	0.794	0.789	0.783
60	0.777	0.771	0.765	0.759	0.752	0.746	0.739	0.732	0.725	0.718
70	0.710	0.703	0.695	0.688	0.680	0.672	0.664	0.656	0.648	0.640
80	0.632	0.623	0.615	0.607	0.599	0.591	0.583	0.574	0.566	0.558
90	0.550	0.542	0.535	0.527	0.519	0.512	0.504	0.497	0.489	0.482
100	0.475	0.467	0.460	0.452	0.445	0.438	0.431	0.424	0.418	0.411
110	0.405	0.398	0.392	0.386	0.380	0.375	0.369	0.363	0.358	0.352
120	0.347	0.342	0.337	0.332	0.327	0.322	0.318	0.313	0.309	0.304
130	0.300	0.296	0.292	0.288	0.284	0.280	0.276	0.272	0.269	0.265
140	0.261	0.258	0.255	0.251	0.248	0.245	0.242	0.238	0.235	0.232
150	0.229	0.227	0.224	0.221	0.218	0.216	0.213	0.210	0.208	0.205
160	0.203	0.201	0.198	0.196	0.194	0.191	0.189	0.187	0.185	0.183
170	0.181	0.179	0.177	0.175	0.173	0.171	0.169	0.167	0.165	0.163
180	0.162	0.160	0.158	0.157	0.155	0.153	0.152	0.150	0.149	0.147
190	0.146	0.144	0.143	0.141	0.140	0.138	0.137	0.136	0.134	0.133
200	0.132	0.130	0.129	0.128	0.127	0.126	0.124	0.123	0.122	0.121
210	0.120	0.119	0.118	0.116	0.115	0.114	0.113	0.112	0.111	0.110
220	0.109	0.108	0.107	0.106	0.160	0.105	0.104	0.103	0.101	0.101
230	0.100	0.099	0.098	0.098	0.097	0.096	0.095	0.094	0.094	0.093
240	0.092	0.091	0.091	0.090	0.089	0.088	0.088	0.087	0.086	0.086
250	0.085	—	—	—	—	—	—	—	—	—

"六四式铁路军用梁标准套"及"加强型六四式铁路军用梁标准套"构件

附表 9

名称	代号	材质	每件质量	用途	示意图
标准三角	①	16Mnq	455kg	六四式铁路军用梁单层、双层均使用	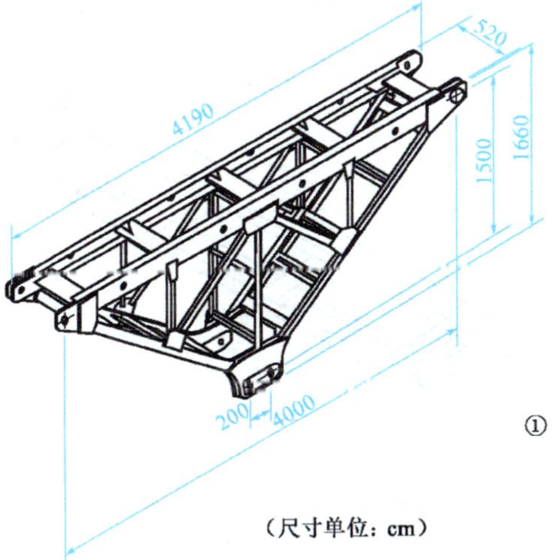 （尺寸单位：cm）①
端构架	②	16Mnq	412kg	六四式铁路军用梁或加强型六四式铁路军用梁单层、双层均使用。主要拼成铁路标准跨度	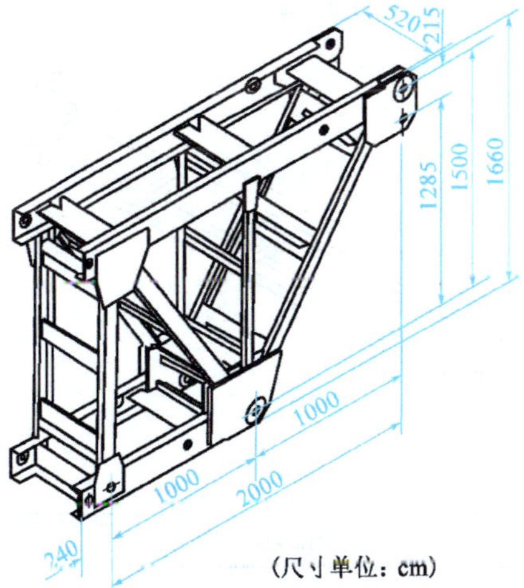 （尺寸单位：cm）②

163

附表

施工临时构结算检可寸（第3版）

名称	代号	材质	每件质量	用途	示意图
标准弦杆	③	16Mnq	231 kg	六四式铁路军用梁单层用	520 3795 3985 ③ （尺寸单位：cm）
端弦杆	④	16Mnq	177 kg	六四式铁路军用梁或加强型六四式铁路军用梁单层使用	520 2895 3085 ④ （尺寸单位：cm）

续上表

名称	代号	材质	每件质量	用途	示意图
斜弦杆	⑤	16Mnq	139kg	六四式铁路军用梁加强型六四式铁路军用梁双层均使用	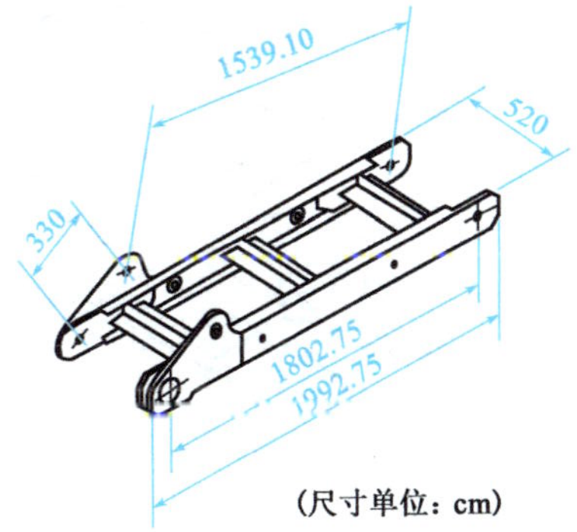 ⑤（尺寸单位：cm） 1539.10 520 1802.75 1992.75 330
撑杆	⑥	16Mnq	137kg	六四式铁路军用梁加强型六四式铁路军用梁双层均使用	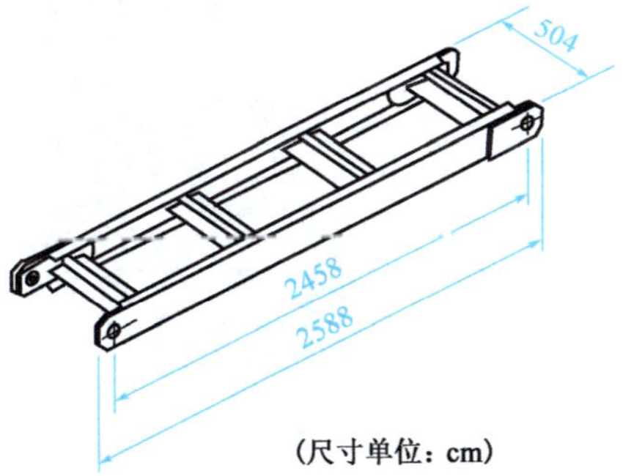 ⑥（尺寸单位：cm） 504 2458 2588

165

附表

施工临时结构检算（第3版）

名称	代号	材质	每件质量	用途	示意图
1.5m辅助端构架	⑦	16Mnq	345kg	六四式铁路军用梁或加强型六四式铁路军用梁单层、双层桥均使用。代替或配合②调整桥跨长度	 （尺寸单位：cm）
2.5m辅助端构架	⑧	16Mnq	495kg	六四式铁路军用梁或加强型六四式铁路军用梁单层、双层桥均使用。代替或配合②调整桥跨长度	 （尺寸单位：cm）

名称	代号	材质	每件质量	用途	示意图
3.0m 辅助端构架	⑨	16Mnq	562kg	六四式铁路军用梁或加强型六四式铁路军用梁单层、双层均使用。代替或配合②调整桥跨长度	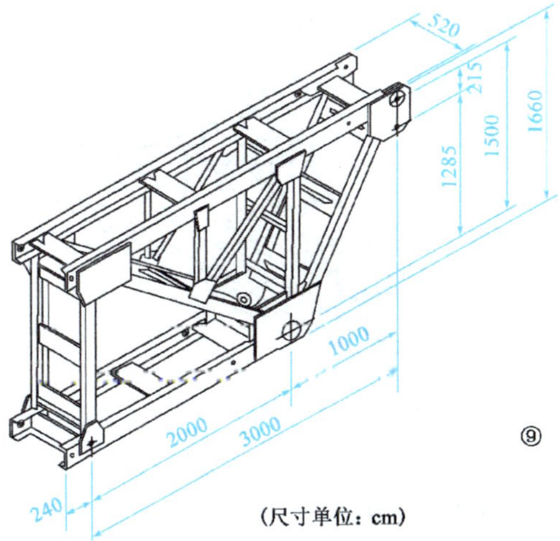 （尺寸单位：cm）⑨
2m 低支点端构架	⑩	16Mnq	367kg	六四式铁路军用梁或加强型六四式铁路军用梁单层、双层均使用。代替②用于铁路标准跨低支点桥跨	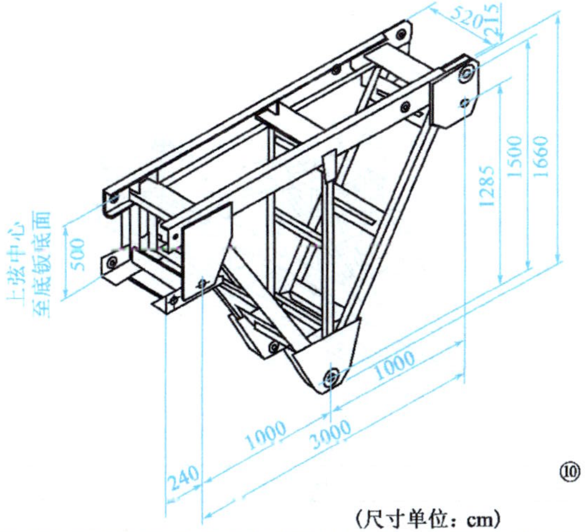 （尺寸单位：cm）⑩

167

附表

施工临时结构检算（第3版）

名称	代号	材质	每件质量	用途	示意图
3m 低支点端构架	①	16Mnq	469kg	六四式铁路军用梁加强型六四式铁路军用梁单层、双层均使用。代替或配合低支点端构架①调整桥跨长度	 （尺寸单位：cm）
加强三角	②	15Mn VN 和 Mnq	482kg	六四式铁路军用梁单层、双层均使用	 （尺寸单位：cm）

名称	代号	材质	每件质量	用途	示意图
加强弦杆	㉓	15Mn VN 和 Mnq	240kg	六四式铁路军用梁单层用	（尺寸单位：cm）

附表 10-1

两等跨连续梁的内力和挠度系数

序号	荷载图	跨内最大弯矩		支座弯矩	剪力			跨度中点挠度	
		M_1	M_2	M_B	Q_A	$Q_{B左}$ / $Q_{B右}$	Q_C	f_1	f_2
1		0.070	0.070	-0.125	-0.375	-0.625 / 0.625	-0.375	0.521	0.521
2		0.156	0.156	-0.188	0.312	-0.688 / 0.688	-0.312	0.911	0.911
3		0.222	0.222	-0.333	0.667	-1.333 / 1.333	-0.667	1.466	1.466
说明	1. 在均布荷载作用下：$M=$ 表中系数 $\times ql^2$；$Q=$ 表中系数 $\times ql$；$f=$ 表中系数 $\times \dfrac{ql^4}{100EI}$； 2. 在集中荷载作用下：$M=$ 表中系数 $\times Pl$；$Q=$ 表中系数 $\times P$；$f=$ 表中系数 $\times \dfrac{Pl^3}{100EI}$。								

附表 10-2

三等跨连续梁的内力和挠度系数

序号	荷载图	跨内最大弯矩		支座弯矩		剪力				跨度中点挠度	
		M_1	M_2	M_B	M_C	Q_A	$Q_{B左}$ / $Q_{B右}$	$Q_{C左}$ / $Q_{C右}$	Q_D	f_1	f_2
1	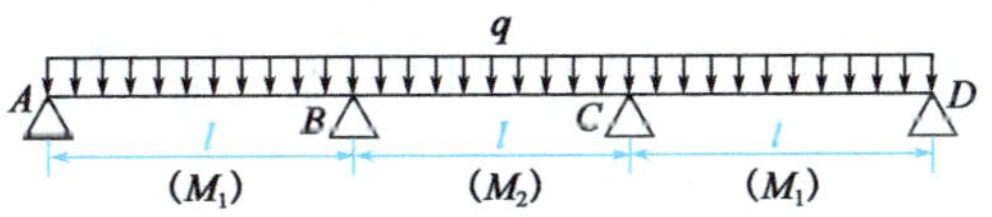	0.080	0.025	-0.100	-0.100	0.400	-0.600 / 0.500	-0.500 / 0.600	-0.400	0.677	0.052
2	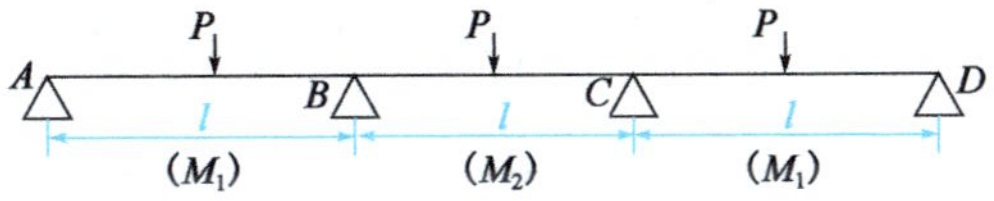	0.175	0.100	-0.150	-0.150	0.350	-0.650 / 0.506	-0.500 / 0.650	-0.350	1.146	0.208
3	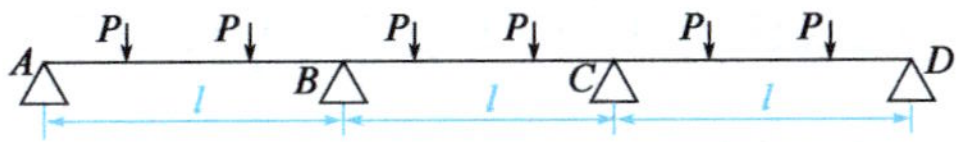	0.244	0.067	-0.267	-0.267	0.733	-1.267 / 1.000	-1.000 / 1.267	-0.733	1.883	0.216
说明	1. 在均布荷载作用下: $M=$ 表中系数 $\times ql^2$; $Q=$ 表中系数 $\times ql$; $f=$ 表中系数 $\times \dfrac{ql^4}{100EI}$; 2. 在集中荷载作用下: $M=$ 表中系数 $\times Pl$; $Q=$ 表中系数 $\times P$; $f=$ 表中系数 $\times \dfrac{Pl^3}{100EI}$										

171

附表

施工可与结构验算（第3版）

附表10-3

四等跨连续梁的内力和挠度系数

序号	荷载图	弯矩				剪力			跨度中点挠度	
		$M_{1中}$	$M_{2中}$	$M_{B支}$	$M_{C支}$	Q_A	$Q_{B左}$ / $Q_{B右}$	$Q_{C左}$ / $Q_{C右}$	f_1	f_2
1	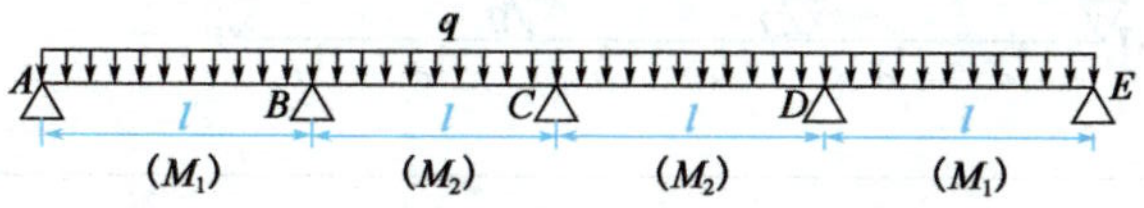	0.077	0.036	−0.107	−0.071	0.393	−0.607 / 0.536	−0.464 / 0.464	0.632	0.186
2	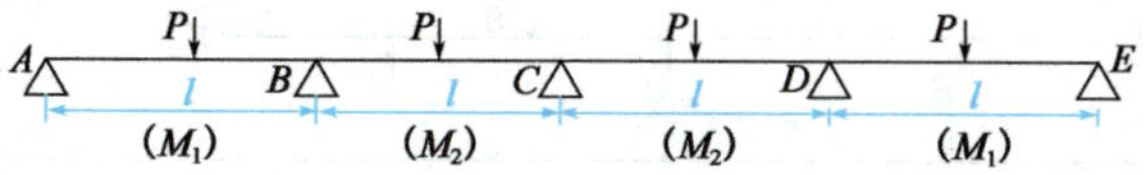	0.169	0.116	−0.161	−0.107	0.339	−0.661 / 0.554	−0.446 / 0.446	1.079	0.409
3	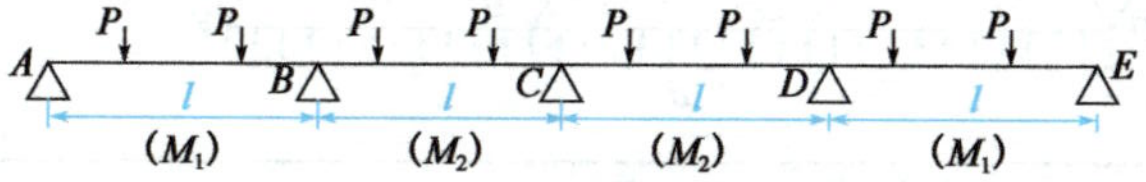	0.238	0.111	−0.286	−0.191	0.714	−1.286 / 1.095	−0.905 / 0.905	1.764	0.573
说明	1. 在均布荷载作用下：$M=$表中系数$\times ql^2$；$Q=$表中系数$\times ql$；$f=$表中系数$\times \dfrac{ql^4}{100EI}$； 2. 在集中荷载作用下：$M=$表中系数$\times Pl$；$Q=$表中系数$\times P$；$f=$表中系数$\times \dfrac{Pl^3}{100EI}$。									

参 考 文 献

[1] 中国铁路总公司.铁路混凝土工程施工技术规程:Q/CR 9207—2017[S].北京:中国铁道出版社,2017.

[2] 中国铁路总公司.高速铁路桥涵工程施工技术规程:Q/CR 9603—2015[S].北京:中国铁道出版社,2015.

[3] 铁道部经济规划研究院.铁路预应力混凝土连续梁(刚构)悬臂浇筑施工技术指南:TZ 324—2010[S].北京:中国铁道出版社,2010.

[4] 国家铁路局.铁路桥涵地基和基础设计规范:TB 10093—2017[S].北京:中国铁道出版社,2017.

[5] 中华人民共和国住房和城乡建设部.混凝土结构设计规范(2015 年版):GB 50010—2010[S].北京:中国建筑工业出版社,2015.

[6] 中华人民共和国住房和城乡建设部.建筑结构荷载规范:GB 50009—2012[S].北京:中国建筑工业出版社,2012.

[7] 中华人民共和国住房和城乡建设部.建筑施工临时支撑结构技术规范:JGJ 300—2013[S].北京:中国建筑工业出版社,2013.

[8] 中华人民共和国住房和城乡建设部.建筑施工扣件式钢管脚手架安全技术规范:JGJ 130—2011[S].北京:中国建筑工业出版社,2011.

[9] 中华人民共和国住房和城乡建设部.建筑施工碗扣式钢管脚手架安全技术规范:JTJ 166—2016[S].北京:中国建筑工业出版社,2016.

[10] 中华人民共和国住房和城乡建设部.建筑施工脚手架安全技术统一标准:GB 51210—2016[S].北京:中国建筑工业出版社,2016.

[11] 中华人民共和国住房和城乡建设部.建筑施工承插型盘扣式钢管脚手架安全技术标准:JGJ/T 231—2021[S].北京:中国建筑工业出版社,2021.

[12] 中华人民共和国住房和城乡建设部.竹胶合板模板:JG/T 156—2004[S].北京:中国建筑工业出版社,2004.

[13] 中华人民共和国住房和城乡建设部.建筑施工模板安全技术规范:JGJ 162—2008[S].北京:中国建筑工业出版社,2008.

[14] 中华人民共和国住房和城乡建设部.组合钢模板技术规范:GB/T 50214—2013[S].北京:中国计划出版社,2013.

[15] 中华人民共和国住房和城乡建设部.钢结构设计标准(附条文说明[另册]):GB 50017—2017[S].北京:中国建筑工业出版社,2017.

[16] 周水兴,何兆益,邹毅松.路桥施工计算手册[M].北京:人民交通出版社,2001.

[17] 余流.施工临时结构设计与应用[M].北京:中国建筑工业出版社,2010.

[18] 马瑞强.建筑工程施工临时结构设计指南[M].北京:人民交通出版社,2008.

[19] 交通部交通战备办公室.装配式公路钢桥使用手册[M].北京:人民交通出版社,1998.

[20] 杨文渊.桥梁施工工程师手册[M].2 版.北京:人民交通出版社,2006.